设计师手稿系列

U0161649

服饰绘：Illustrator 服装款式设计与案例表现1000例

宋　晴◎著

中国纺织出版社有限公司

内 容 提 要

作者结合多年的服装设计和教学经验，全面展示了运用Illustrator软件绘制服装上装、下装、一体装款式图的具体技巧与步骤，详细解析了目前市场上服装款式图线条的表现特征类型。作者将设计工作和教学中的案例进行梳理呈现，便于读者学习和实践。

本书既可以作为服装设计师、服装设计助理、时尚插画师及服装设计爱好者的学习和参考用书，又可以作为高等院校服装设计专业学生的教材使用。

图书在版编目（CIP）数据

服饰绘：Illustrator 服装款式设计与案例表现 1000例 / 宋晴著 . –– 北京：中国纺织出版社有限公司，2023.1

（设计师手稿系列）

ISBN 978-7-5180-9743-2

Ⅰ . ①服… Ⅱ . ①宋… Ⅲ . ①服装设计—绘画技法 Ⅳ . ① TS941.28

中国版本图书馆 CIP 数据核字（2022）第 140878 号

责任编辑：孙成成　　　责任校对：王蕙莹　　　责任印制：王艳丽

中国纺织出版社有限公司出版发行
地址：北京市朝阳区百子湾东里 A407 号楼　邮政编码：100124
销售电话：010—67004422　传真：010—87155801
http://www.c-textilep.com
中国纺织出版社天猫旗舰店
官方微博 http://weibo.com/2119887771
三河市宏盛印务有限公司印刷　各地新华书店经销
2023 年 1 月第 1 版第 1 次印刷
开本：787×1092　1/16　印张：14
字数：178 千字　定价：49.80 元

凡购本书，如有缺页、倒页、脱页，由本社图书营销中心调换

前 言

　　服装行业虽属于传统行业，但在"衣食住行"中居于首位，所以无论在任何时期都具有其独特的存在价值与发展特色。随着信息技术的不断发展，计算机逐渐成为生产生活中必不可少的工具之一。在服装设计行业中，设计师们也将计算机辅助技术应用到样衣的制作、服装效果图的效果渲染以及后期的修改、服装数据的采集与大批量生产等过程中，极大地缩短了服装设计与生产的周期，减轻了工作人员的工作量。现阶段，随着计算机的使用越来越普及，能够应用于服装设计的软件也更为丰富，选择合适的软件进行服装设计可以达到事半功倍的效果，同时一定的科技感也可以提升服装企业的品牌形象及竞争力，从而帮助企业获得良好的市场优势，获取较高的经济效益与社会效益。

　　Adobe Illustrator 作为全球的矢量图形软件，功能强大、用户界面便捷，其特点是钢笔工具的使用，使操作简便、功能强大的矢量绘图成为可能。它还集文字处理、上色等功能于一身，在设计领域中广泛应用。将 Adobe Illustrator 软件操作引入服装款式绘制中，极大地提高了设计的准确性与多样性，打破了以往服装款式图和计算机表现技法互相独立的教学方式，将二者融为一体，具有较强的针对性与实践性。计算机辅助服装设计技术，不仅可以极大地提升设计师的工作效率，将其从机械化的人工劳动中解放出来，而且可以促进其艺术素养与设计灵感的激发。因此，在未来的生活中，服装设计行业将应用更为专业、高效的计算机辅助设计软件，为我国服装行业带来新的生机。本书从软件基本操作知识着手，通过大量的服装款式绘制实战练习，进入典型案例的实际操作展示，帮助读者快速掌握常用的服装款式图绘制技法，图文并茂，内容由浅入深，步骤详细，易于学习，适合高等院校纺织服装专业学生学习参考，也可供服装设计师和服装爱好者阅读参考。

笔者

2022 年 1 月

目 录

CONTENTS

第一章

Illustrator CC 软件基础

一、Illustrator CC 简介 ⋯⋯⋯⋯⋯⋯⋯⋯⋯⋯⋯⋯⋯⋯⋯⋯⋯⋯⋯⋯⋯⋯⋯⋯ 001

（一）Illustrator CC 基本情况概述 ⋯⋯⋯⋯⋯⋯⋯⋯⋯⋯⋯⋯⋯⋯⋯⋯ 001

（二）Illustrator CC 绘图流程 ⋯⋯⋯⋯⋯⋯⋯⋯⋯⋯⋯⋯⋯⋯⋯⋯⋯⋯ 001

二、Illustrator CC 绘图相关概念 ⋯⋯⋯⋯⋯⋯⋯⋯⋯⋯⋯⋯⋯⋯⋯⋯⋯⋯⋯ 001

（一）矢量图与位图的差别 ⋯⋯⋯⋯⋯⋯⋯⋯⋯⋯⋯⋯⋯⋯⋯⋯⋯⋯⋯⋯ 001

（二）色彩模式 ⋯⋯⋯⋯⋯⋯⋯⋯⋯⋯⋯⋯⋯⋯⋯⋯⋯⋯⋯⋯⋯⋯⋯⋯ 002

三、Illustrator CC 软件界面与设置 ⋯⋯⋯⋯⋯⋯⋯⋯⋯⋯⋯⋯⋯⋯⋯⋯⋯⋯ 002

（一）菜单栏、属性栏、工具箱、工具调板 ⋯⋯⋯⋯⋯⋯⋯⋯⋯⋯⋯ 002

（二）新建、保存方式与用途 ⋯⋯⋯⋯⋯⋯⋯⋯⋯⋯⋯⋯⋯⋯⋯⋯⋯⋯ 002

四、Illustrator CC 女性人体模板的绘制 ⋯⋯⋯⋯⋯⋯⋯⋯⋯⋯⋯⋯⋯⋯⋯ 003

五、Illustrator CC 女装款式图绘制案例 ⋯⋯⋯⋯⋯⋯⋯⋯⋯⋯⋯⋯⋯⋯⋯ 006

（一）使用人体模板绘制款式图案例一 ⋯⋯⋯⋯⋯⋯⋯⋯⋯⋯⋯⋯⋯ 006

（二）使用人体模板绘制款式图案例二 ⋯⋯⋯⋯⋯⋯⋯⋯⋯⋯⋯⋯⋯ 009

小结 ⋯⋯⋯⋯⋯⋯⋯⋯⋯⋯⋯⋯⋯⋯⋯⋯⋯⋯⋯⋯⋯⋯⋯⋯⋯⋯⋯⋯⋯⋯⋯⋯ 011

思考练习题 ⋯⋯⋯⋯⋯⋯⋯⋯⋯⋯⋯⋯⋯⋯⋯⋯⋯⋯⋯⋯⋯⋯⋯⋯⋯⋯⋯⋯⋯ 011

第二章

Illustrator CC 服装款式图绘制技巧与步骤

一、上装款式图绘制过程···012
　　（一）衬衫类···012
　　（二）西装类···016
　　（三）外套类···020

二、下装款式图绘制过程···024
　　（一）半身裙类···024
　　（二）裤子类···027

三、一体装款式图绘制过程···030
　　（一）连衣裙类···030
　　（二）连体裤类···033

四、Illustrator CC 服装款式图线条表现特征·······················035
　　（一）均匀线与虚实线的表现··036
　　（二）外粗内细的线条表现···039
　　（三）均匀线与衣褶的表现···041

五、Illustrator CC 服装款式图图案与色彩填充·····················044
　　（一）范例一（矢量图案填充）···044
　　（二）范例二（位图素材填充）···046

小结···049
思考练习题··049

第三章

Illustrator CC 服装款式局部表现

一、衣领款式表现···050
　　（一）无领···050

（二）立领 ……………………………………………… 054

（三）翻领 ……………………………………………… 058

（四）翻驳领 …………………………………………… 064

二、衣袖款式表现 …………………………………………… 070

（一）无袖 ……………………………………………… 070

（二）装袖 ……………………………………………… 075

（三）插肩袖 …………………………………………… 080

（四）连衣袖 …………………………………………… 084

三、门襟款式表现 …………………………………………… 089

四、廓型款式表现 …………………………………………… 102

（一）X 型 ……………………………………………… 102

（二）A 型 ……………………………………………… 106

（三）T 型 ……………………………………………… 109

（四）O 型 ……………………………………………… 111

（五）H 型 ……………………………………………… 114

小结 …………………………………………………………… 119

思考练习题 …………………………………………………… 119

第四章

Illustrator CC 服装款式整体表现

一、上装款式表现 …………………………………………… 120

（一）衬衫类 …………………………………………… 120

（二）西装类 …………………………………………… 126

（三）外套类 …………………………………………… 135

二、下装款式表现 …………………………………………… 145

（一）半身裙类 ………………………………………… 145

（二）裤子类 …………………………………………… 156

三、一体装款式表现·······························160

　　（一）连衣裙类·····························160

　　（二）连体裤类·····························190

小结···212

思考练习题·······································212

后　记···213

第一章

Illustrator CC 软件基础

一、Illustrator CC 简介

（一）Illustrator CC 基本情况概述

Illustrator 是美国 Adobe 公司的一款矢量绘图软件。Adobe 公司是美国的一家软件系统供应商，它发明的软件引领着设计行业的方向，每次设计产品的发布，都会使设计行业发生天翻地覆的变化。矢量软件的运用超过 Photoshop 软件的运用。矢量绘图软件常应用于广告设计、建筑设计、包装设计、服装设计、印刷排版（画册排版）、UI 设计、企业形象设计、字体设计等。国外设计师多使用 Illustrator，国内的大型设计公司也使用较多。

Illustrator 目前最高的版本是 CC 版（2014年发行），Illustrator CC 也就是"创意云"（Creative Cloud）。Adobe 公司正向云时代转型。Illustrator CC 目前已经在我国全面普及，转成云版本之后，新版本的一些功能都被优化，因此建议使用最新版面的 Illustrator 软件。

（二）Illustrator CC 绘图流程

与 Photoshop 相比，Illustrator CC 在软件功能上要简单很多，无论是画简单还是复杂的图，绘图流程都是一样的，分三步：形状（手绘或扫描后导到电脑中重新勾线）、颜色（单色）、细化（颜色过渡、凹凸感、明暗关系），通过细节的调整，即可得到一幅细节层次丰富的设计图。对于绘图软件来说，不存在困难的练习，只存在花时间的练习，所以在大家做练习的时候，不要说一看到复杂的图就有放弃的念头，其实复杂的图并不难，只是需要花费的时间较多。

二、Illustrator CC 绘图相关概念

（一）矢量图与位图的差别

设计类型分矢量图和位图。位图的组成元素是像素，当放大到一定程度时，会出现很多正方形，这些正方形就是像素点，作为位图，有区别清晰度的单位——像素。如果一张图大小不变，像素点越多就越清晰，像素单位是"像素/英寸"，软件中有三种基本像素，分别是 72、150、300 像素。印刷的分辨率一般是 150~300 像素。当矢量图放大时，没有正方形的像素点，矢量图由点线构成，可无限放大。做标志设计一般选用矢量绘制，可用于放大

使用。

（二）色彩模式

色彩模式是选择颜色的范围，分RGB与CMYK模式，其中RGB红绿蓝三种颜色相互混合得到色板中的色彩，如果作品只是放在电脑中看，可以选用RGB模式，CMYK则是用于印刷的颜色模式。

三、Illustrator CC软件界面与设置

（一）菜单栏、属性栏、工具箱、工具调板

Illustrator CC软件界面，有菜单栏、属性栏、工具箱、工具调板四部分组成（图1-1），我们可通过多用多练，记住快捷键，提高工作效率。

图1-1

（二）新建、保存方式与用途

如何新建一个文档，我们可以点击文件菜单［新建］命令，快捷键为［Ctrl+N］，依据需要设置各种参数。［存储］与［存储为］在性质上是一样的，［存储为］的格式有"AI""EPS""PDF"等，其中"EPS"格式可以在任何的矢量软件中打开。导出的主要用途是导出其他软件用的文件。

撤销的快捷键：［Ctrl+Z］，重做的快捷键：［Ctrl+Shift+Z］，缩放视图的快捷键：［Ctrl+＋］或者［Ctrl+－］。

四、Illustrator CC 女性人体模板的绘制

打开 Illustrator CC 软件，执行［文件］/A4/［新建］/［更多设置］/［栅格效果：300ppi］/［创建文档］系列命令。

执行［矩形工具］（快捷键［M］），填色选择"无"，描边选择"黑色"，宽度［1pt］，按住［Shift］键，同时拉出一个正方形，尺寸不限。执行［选择工具］（快捷键［V］），将其选中，右键执行［变换］/［缩放］/［等比］/［150%］/［复制］，由此复制出一个正方形，将复制的正方形放置在原正方形的上方。

执行［选择工具］（快捷键［V］），选中原正方形，执行［变换］/［缩放］/［等比］/［25%］/［复制］，复制出一个较小的正方形，并将其放置在前两个正方形的顶部。执行［选择工具］（快捷键［V］），选中原正方形，执行［变换］/［缩放］/［不等比］/［水平50%］/［垂直25%］/［复制］，复制出一个长方形，并将其放置在前三个正方形的上方。执行［选择工具］（快捷键［V］），选中原正方形，执行［变换］/［缩放］/［不等比］/［水平150%］/［垂直350%］/［复制］，复制出一个长方形，并将其放置在原正方形的下方。执行［选择工具］（快捷键［V］），选中该五个图形，执行［对齐］/［居中对齐］；执行［菜单栏］/［视图］/［标尺］/［选择工具］（快捷键［V］），拖出标尺参考线，作为其中线（图1-2）。

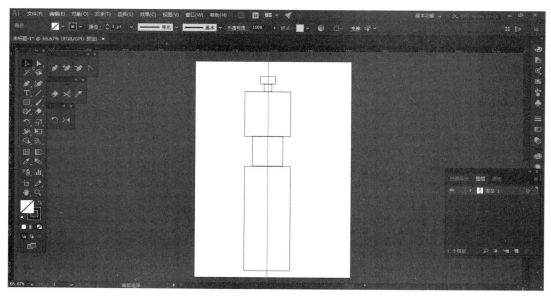

图1-2

执行［钢笔工具］（快捷键［P］），运用［钢笔工具］将点连线（图1-3），这样人体模板的外观基本绘制完成；但是人体是有凹凸变化的，所以我们还应对线条进行调整，执行［直接选择工具］（快捷键［A］），将其调整为顺滑的曲线（图1-4）；执行［矩形工具］（快

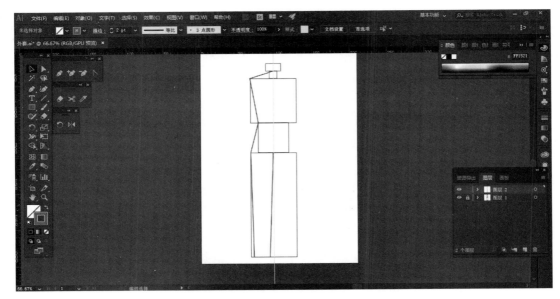

图1-3

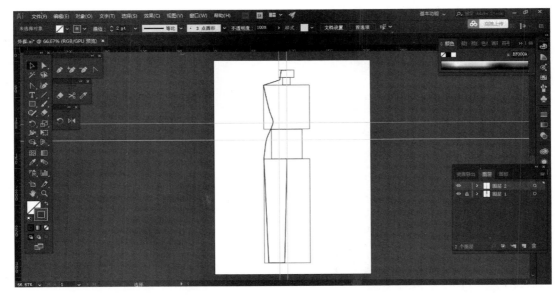

图1-4

捷键［M］），运用［矩形工具］由肩线到裆部画一个长方形，将其放置到肩部，选中并调整到合适的位置，这样人体模板的胳膊部分绘制完成（图1-5）。

执行［选择工具］（快捷键［V］），选中胳膊及人体部分，执行［窗口］/［路径查找器］/［形状模式］/［联集］，将两部分合成一个整体（图1-6）。

执行［直接选择工具］（快捷键［A］），将人体模板的肩部调整顺滑，执行［钢笔工具]（快捷键［P］），运用［钢笔工具］画出人体侧面的线条，执行［选择工具］（快捷键［V］），选中之后执行［镜像］/［垂直］/［复制］，复制出人体模板的右边部分，关掉图层1（图1-7）。至此，女装人体模板绘制完成。执行［存储为］/［AI］格式，备用。

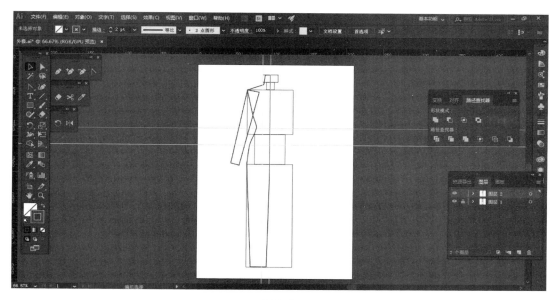

图1-5

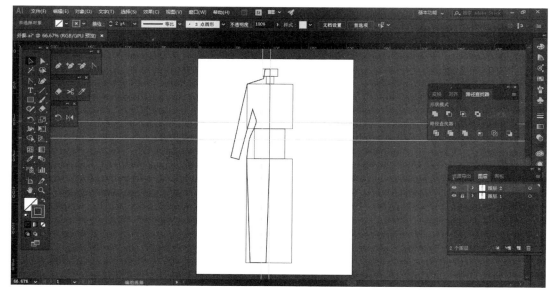

图1-6

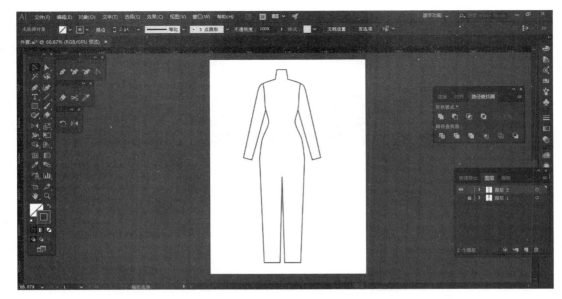

图 1-7

五、Illustrator CC 女装款式图绘制案例

（一）使用人体模板绘制款式图案例一

1. 打开前文绘制好的人体模板以及画好的款式图手稿（图 1-8）。

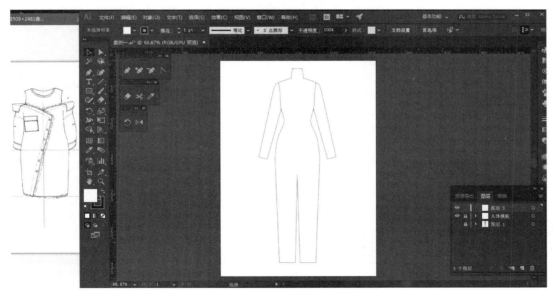

图 1-8

2. 执行［视图］/［标尺］/［选择工具］（快捷键［V］），拉出参考线作为人体模板的纵向中心线，即该款款式图的中心线，横向腰部、臀部的参考线可以有，也可以没有，看个人做图的习惯。执行［钢笔工具］（快捷键［P］）画出该款款式图左边部分的外轮廓线，执行［直接选择工具］（快捷键［A］）将其调顺（图1-9）。

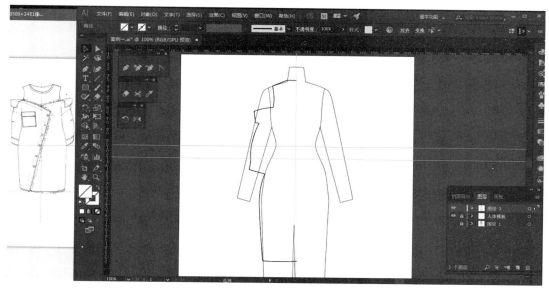

图1-9

3. 执行［钢笔工具］（快捷键［P］）/［曲率工具］，画出该款款式图左边部分的内部线条，执行快捷键［A］，将其调顺（图1-10）。

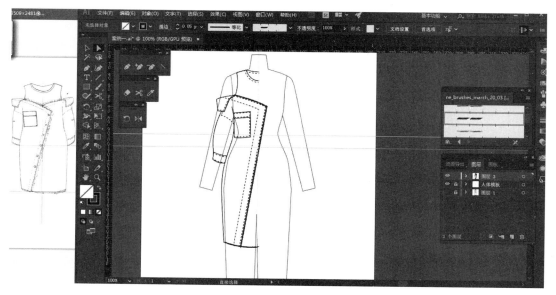

图1-10

4.执行快捷键［V］，将该款式图左边部分的线条全部选中，执行［编组］/［镜像］/［垂直］/［复制］，复制出款式图右边部分的线条，之后选中不需要的线条，点击［Delete］键删除。正面款式图绘制完成（图1-11）。

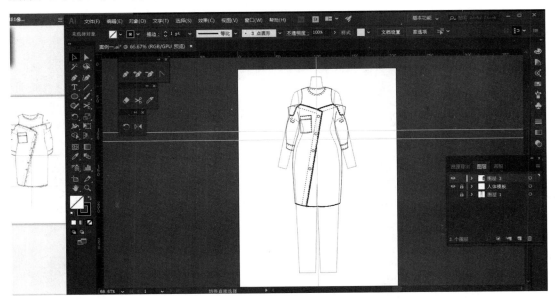

图1-11

5.执行［导出］/［导出为］，保存类型"JPG"，该款款式图的最终效果如图1-12所示。

图1-12

（二）使用人体模板绘制款式图案例二

1. 打开前文绘制好的人体模板以及画好的款式图手稿（图1-13）。

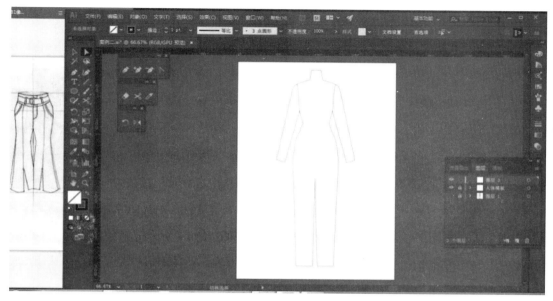

图1-13

2. 执行［视图］/［标尺］/［选择工具］（快捷键［V］），拉出参考线作为人体模板的纵向中心线，即该款款式图的中心线，横向腰部、臀部的参考线可以有，也可以没有，看个人做图的习惯。执行［钢笔工具］（快捷键［P］）画出该款款式图左边部分的外轮廓线，执行［直接选择工具］（快捷键［A］）将其调顺（图1-14）。

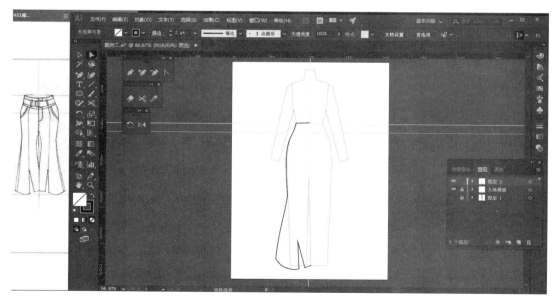

图1-14

3. 执行［钢笔工具］（快捷键［P］）/［曲率工具］，画出该款款式图左边部分的内部线条，执行快捷键［A］，将其调顺（图1-15）。

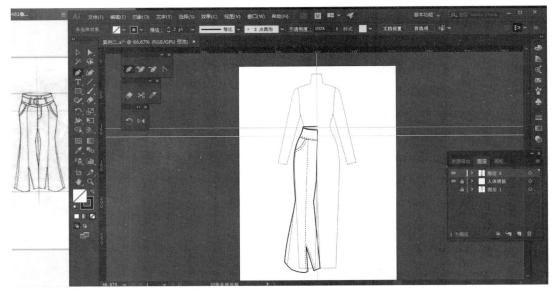

图1-15

4. 执行快捷键［V］，将该款式图左边部分的线条全部选中，执行［编组］/［镜像］/［垂直］/［复制］，复制出款式图右边部分的线条，之后选中不需要的线条，点击［Delete］键删除。正面款式图绘制完成（图1-16）。

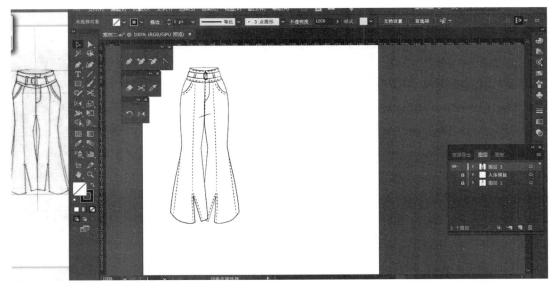

图1-16

5. 执行［导出］/［导出为］，保存类型"JPG"，该款款式图的最终效果如图1-17所示。

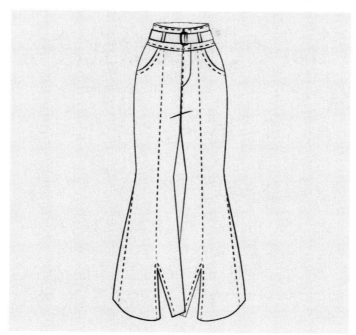

图1-17

小结

本章介绍了Illustrator软件的基本情况、界面、保存，针对Illustrator软件的快捷键，放到绘制案例环节加以说明。示范了Illustrator CC绘制人体模板与服装平面款式图的具体步骤，适合软件绘图爱好者参考、学习。

思考练习题

1. Illustrator CC 云版本的优点有哪些？

2. 简述Illustrator CC 绘制人体模板的具体过程。

3. 简述Illustrator CC 绘制服装平面款式图的优点。

第二章

Illustrator CC 服装款式图绘制技巧与步骤

一、上装款式图绘制过程

Illustrator CC绘制上装、下装或者一体装款式图，可以采取不同方式。例如，一是在现成的真人模板上手绘画好款式，再扫描到电脑中，直接在上面勾线；二是选择好自己想画的款式素材，借助第一章画的人体模板，画出款式图；三是手绘好平面款式图，以人体模板或真人模特作为模板，画出款式图。下面以服装的品类为基点，展示用不同"模板"绘制服装款式图的技巧与步骤。

（一）衬衫类

1. 在真人模板上，把设计的衬衫款式用铅笔画好，扫描（图2-1）。注意，真人模板选择正面、静止、直立的站姿，以便于款式图的绘制。

图2-1

2.打开Illustrator CC软件，执行［文件］/［A4］/［新建］/［更多设置］/［栅格效果：300ppi］/［创建文档］。执行［置入］，将扫描好的铅笔手绘线稿置入此画板中。执行［视图］/［标尺］/［显示标尺］/［选择工具］（快捷键［V］），运用［选择工具］拖出标尺参考线，作为该衬衫款式图的纵向中心线备用（图2-2）。

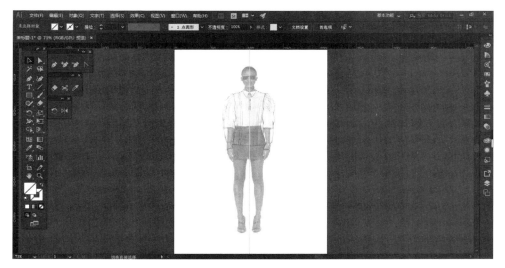

图2-2

3.执行［填色］，选择"无"，执行［描边］，选择"黑色"，线条粗细［1pt］；执行［钢笔工具］（快捷键［P］），运用［钢笔工具］绘制该衬衫款式图左边部分的外轮廓线；执行［直接选择工具］（快捷键［A］），运用［直接选择工具］将绘制的衬衫款式图左边部分的外轮廓线条调整顺滑（图2-3）。注意，衬衫外轮廓的起伏变化应表达清楚。

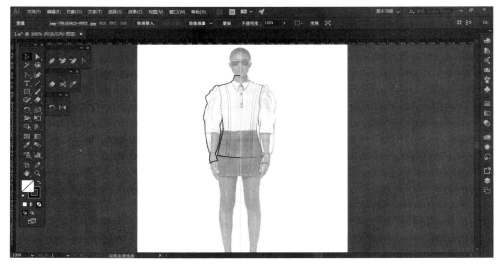

图2-3

4. 执行［钢笔工具］（快捷键［P］），运用［钢笔工具］画出该衬衫左边部分的衣领、衣袖上的褶、衣身上的装饰线、袖窿弧线、侧缝线、门襟与领围线，衬衫衣袖褶的线条选择两头细的线条，描边宽度选择［1pt］；执行［直接选择工具］（快捷键［A］），运用［直接选择工具］将画出的线条调顺（图2-4）。

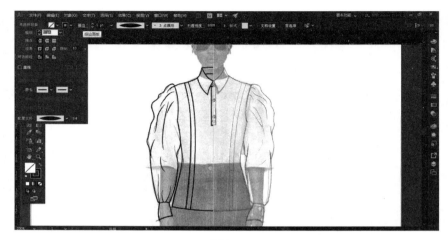

图2-4

5. 执行［选择工具］（快捷键［V］），将画好的款式图左边部分全部选中，右键［编组］；执行［镜像工具］（快捷键［O］）/［垂直］/［复制］，该款衬衫的正面款式图基本绘制完成；执行［椭圆工具］（快捷键［L］），按住［Shift］键，拖拽［椭圆工具］，画出圆形纽扣，然后，按住［Alt］键将其复制两次，执行［选择工具］（快捷键［V］）将三粒纽扣选中，执行［菜单栏］/［对齐］/［中线对齐］；执行［直线段工具］（快捷键［\］），画出该款衬衫门襟底部的明线装饰，执行［描边］/［虚线］/［2pt］进行线迹转换。绘制完成的该款衬衫正面款式图效果如图2-5所示。

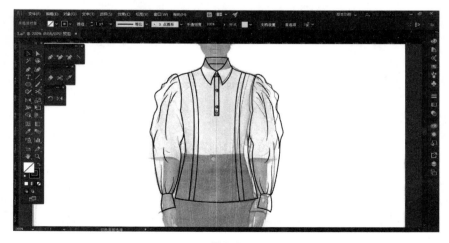

图2-5

6. 关掉线稿图层（图层2），执行［选择工具］（快捷键［V］），将画好的该衬衫正面款式图选中，执行［编组］，按住［Alt］键，复制出其背面款式图，然后执行［选择工具］（快捷键［V］）选中不要的线条，点击［Delete］键，绘制完成的背面款式图效果如图2-6所示。

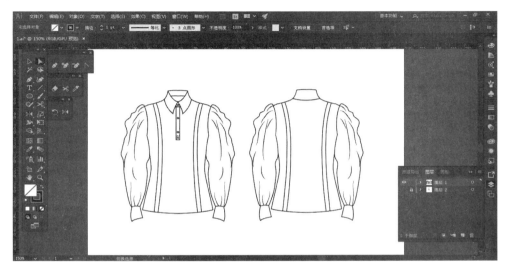

图2-6

7. 执行［选择工具］（快捷键［V］），选中该款衬衫正背面款式图，执行［菜单栏］/［描边］/［两头虚的线条］/［1pt］，对正背面款式图全部的线条进行变化；执行［导出］/［导出为］/［JPG］/［使用画板］（图2-7）/［分辨率300ppi］（图2-8）；最终绘制完成的该款衬衫正背面款式图效果如图2-9所示。

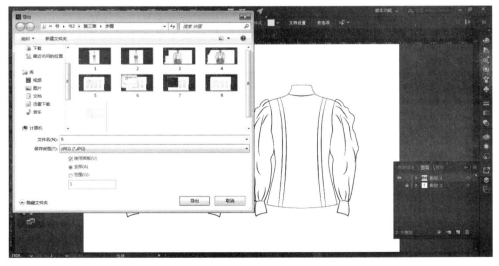

图2-7

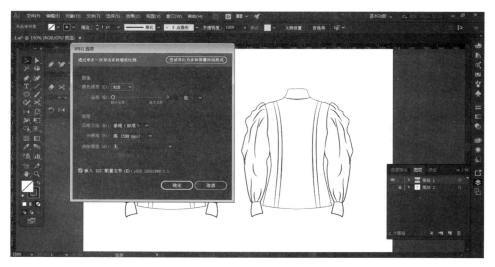

图2-8

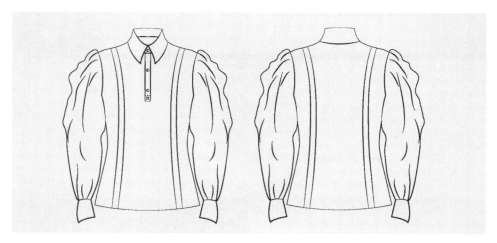

图2-9

（二）西装类

1. 在正面、静止、直立的真人模板上，用"0.3"粗细的自动铅笔将西装款式画好，扫描，扫描分辨率设为"300ppi"，备用（图2-10）。

2. 打开Illustrator CC软件，执行［文件］/［A4］/［新建］/［更多设置］/［栅格效果：300ppi］/［创建文档］。执行［置入］，将扫描好的西装手绘线稿置入此画板中。执行［视图］/［标尺］/［显示标尺］/［选择工具］（快捷键［V］），运用［选择工具］拖出标尺参考线，作为该西装款式图的纵向中心线备用；将扫描的线稿图层（图层1）锁住，新建一个图层（图层2）。执行［填色］，选择"无"，执行［描边］，选择"黑色"，线条粗细［1pt］；执行

［钢笔工具］（快捷键［P］），运用［钢笔工具］绘制该西装款式图左边部分的外轮廓线；执行［直接选择工具］（快捷键［A］），运用［直接选择工具］将绘制的该西装款式图左边部分外轮廓线条调整顺滑。注意，西装外轮廓的起伏变化应表达清楚（图2-11）。

图2-10

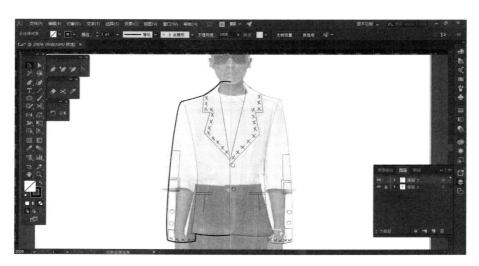

图2-11

3. 执行［钢笔工具］（快捷键［P］），运用［钢笔工具］画出该西装左边部分的细节，［描边］宽度选择［1pt］；执行［直接选择工具］（快捷键［A］），运用［直接选择工具］将画出的线条调顺。接下来，画出［图案画笔］的单位纹样"X"，执行［画笔］/［图案画笔］/［钢笔］，画出该款西装上的装饰线（图2-12）。

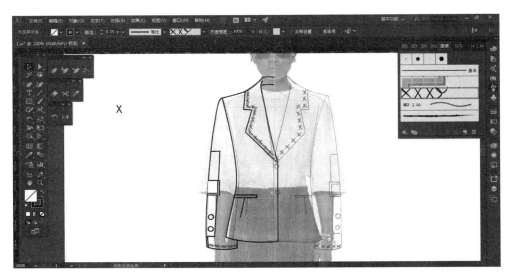

图2-12

4. 执行［选择工具］（快捷键［V］），将画好的该款西装左边部分的款式图选中，执行［编组］/［镜像］（快捷键［O］）/［垂直］/［复制］，复制出该款西装款式图的右边部分；将复制出的右边部分调整至合适的位置；执行［选择工具］（快捷键［V］），选中不需要的线条，执行［Delete］键将其删除；执行［椭圆工具］（快捷键［L］），按住［Shift］键，画出第一粒圆纽扣，接着，执行［选择工具］（快捷键［V］）将第一粒纽扣选中，按住［Alt］键对其复制，复制出第二粒纽扣；执行［选择工具］（快捷键［V］），将两粒纽扣选中，执行［对齐］/［中线对齐］，将两粒纽扣对齐并调至合适的位置；关闭画稿图层（图层1），绘制完成的该西装正面款式图效果如图2-13所示。

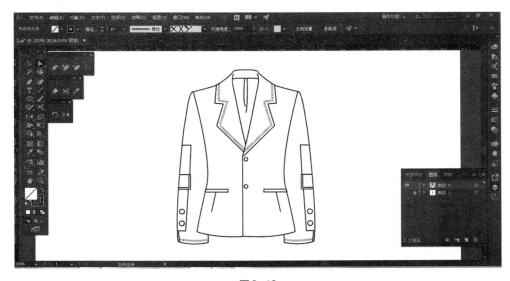

图2-13

5. 执行［选择工具］（快捷键［V］），运用［选择工具］选中该西装正面款式图，执行
［编组］/［菜单栏］/［两头虚的线条］/［1pt］；执行［选择工具］（快捷键［V］），运用［选
择工具］再次选中该西装正面款式图，按住［Alt］键对该西装正面款式图进行复制，复制
出的款式图用作画其背面款式图的模板；执行［选择工具］（快捷键［V］），运用［选择工
具］选中不需要的线条，执行［Delete］键将其删除，绘制完成的背面款式图效果如图2-14
所示。

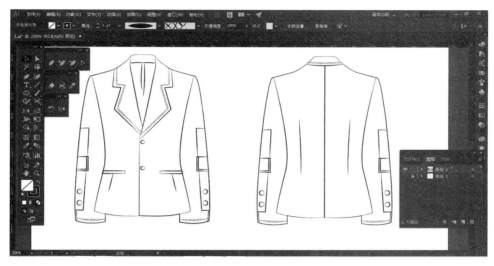

图2-14

6. 执行［导出］/［导出为］/［JPG］/［使用画板］（图2-15）；执行［分辨率300ppi］
（图2-16）。绘制完成的该西装正背面款式图效果如图2-17所示。

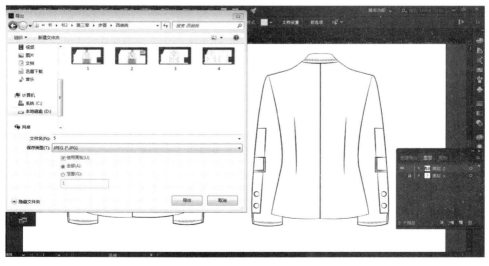

图2-15

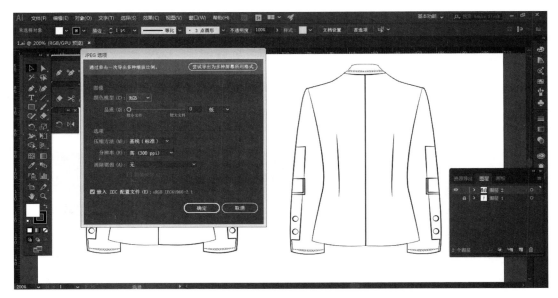

图2-16

图2-17

（三）外套类

在学习Illustrator CC绘制款式图过程中，如果以手绘线稿为基础进行款式图的绘制，这样是比较简单的。而绘制款式图的难点是立体到平面的转换，因而本环节选取一款秀场作品作为案例，如图2-18所示为KENZO 2016/17秋冬巴黎女装发布会作品，可用Illustrator CC学习如何将其转化为款式图的具体技巧与步骤。

图2-18

1. 打开绘制好的女性人体模板，执行［钢笔工具］（快捷键［P］），运用［钢笔工具］画出该款外套左边部分的外轮廓线；执行［直接选择工具］（快捷键［A］），运用［直接选择工具］将其调整顺滑（图2-19）。

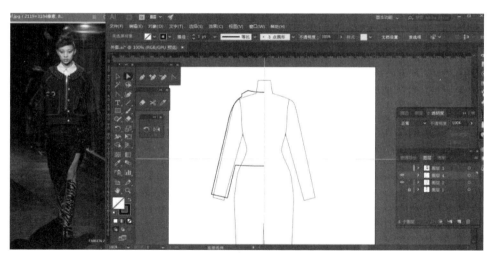

图2-19

2. 执行［钢笔工具］（快捷键［P］），使用［钢笔工具］画出左边部分内部的线条（图2-20）；执行［圆角矩形工具］画出口袋，执行［-］/［Shift+C］组合键，将圆角矩形上缘线变成直线，作为口袋的袋口；选择［椭圆工具］，按住［Shift］键，拖拉［椭圆工具］，画出圆形气眼，执行［选择工具］（快捷键［V］）选中该圆形气眼，执行［对象］/［路径］/［偏移路径］，画出同心圆；执行［选择工具］（快捷键［V］）将同心圆选中，按住［Alt］键复制，两个气眼绘制完成。执行［钢笔工具］（快捷键［P］），运用［钢笔工具］画出口袋上的带子，执行［直接选择工具］（快捷键［A］），运用［直接选择工具］将其调整顺滑；执行［选择工具］（快捷键［V］）选中需要变换成线迹的线条，执行［描边］/［虚线］/［2pt］；画出的效果如图2-21所示。

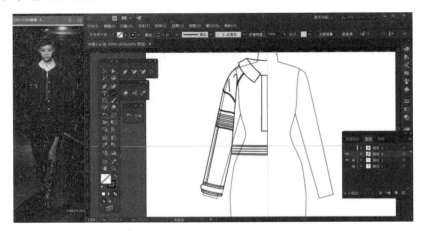

图2-20

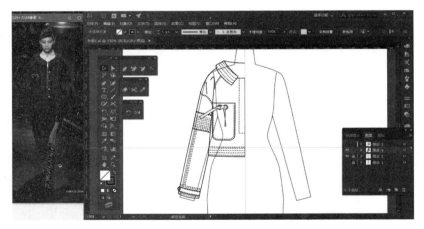

图2-21

3. 执行［选择工具］（快捷键［V］）选中该款外套左边部分的款式图，执行［镜像］/［垂直］/［复制］，将其款式图右边部分复制完成；制作拉链，执行［钢笔工具］（快捷键［P］），运用［钢笔工具］画出拉链的单元图形，执行［画笔］/［图案画笔］/［钢笔］，画出拉链（图2-22）；拉链头的制作，执行［矩形工具］，按住［Shift］键画出一个正方形，再画出一个长方形，执行［对齐］/［居中对齐］，执行［菜单栏］/［窗口］/［路径查找器］/［联集］，将两个矩形合并成一个图形（图2-22）。接着，画出一个矩形、一个椭圆形，执行［对齐］/［居中对齐］（图2-23），执行［菜单栏］/［窗口］/［路径查找器］/［联集］，将这个矩形和椭圆形合并为一个图形。将合并好的两个图形对齐，调整到合适的大小，执行［矩形工具］，画出一矩形，将此矩形放置在合并好的图形上部，这样，拉链头绘制完成（图2-24）。

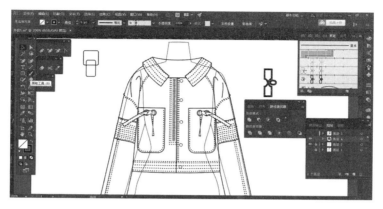

图2-22

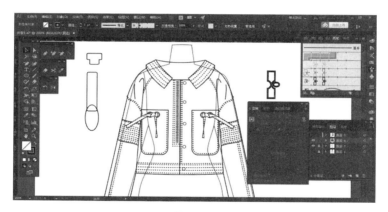

图2-23

图2-24

执行［选择工具］（快捷键［V］）选中该拉链头，放置在衣服前门襟的顶端，调整到合适的大小，该外套正面款式图效果如图2-25所示。

执行［选择工具］（快捷键［V］）选中该外套正面款式图，将线条变换为两头虚的线条，按住［Alt］键，将其复制，复制出的款式图作为该款外套背面款式图的模板，接着，执行［选择工具］（快捷键［V］）选中不要的线条，执行［Delete］键删除，最终绘制完成该外套正背面款式图。

图2-25

4. 绘制完成的该外套正背面款式图效果如图2-26所示。

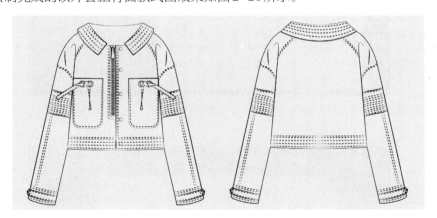

图2-26

二、下装款式图绘制过程

（一）半身裙类

半身裙是女性下装的代表，款式多变。进行半身裙款式设计，可以廓型、腰头、省、裙身、口袋、下摆等为设计切入点，从而使得半身裙款式与众不同。运用Illustrator CC对其款式图绘制，应交代清楚其款式结构，保持线条流畅。

1. 用铅笔手绘出设计的半身裙款式线稿，形式不限。打开Illustrator CC软件及绘制好的AI格式的人体模板，将其图层（图层2）锁住，新建一个图层（图层3）。执行［钢笔工具］（快捷键［P］），运用［钢笔工具］画出该款半身裙左边部分的外轮廓线，执行［直接选择工具］（快捷键［A］），将其调整顺滑（图2-27）。

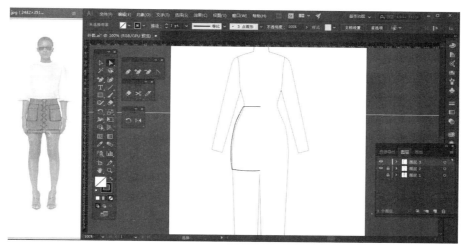

图2-27

2. 执行［钢笔工具］（快捷键［P］），运用［钢笔工具］画出该半身裙摆部的装饰线及裙身纵向的分割线；执行［矩形工具］画出口袋，调整至合适的大小；执行［椭圆形工具］画出第一粒纽扣，按住［Alt］键，点击第一粒纽扣，复制6次，执行［↑］／［↓］将7粒纽扣排列美观（图2-28）。

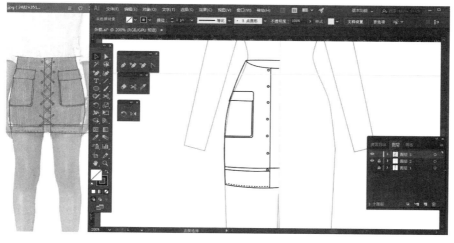

图2-28

3. 执行［钢笔工具］（快捷键［P］），将其选中，执行［镜像］/［垂直］/［复制］，完成该半身裙右边部分款式图的复制；执行［\］直线工具画出其X形装饰带；执行［钢笔工具］，选中该半身裙正面款式图，选择两头虚的线条，宽度［1pt］，最终绘制完成的该半身裙正面款式图效果如图2-29所示。

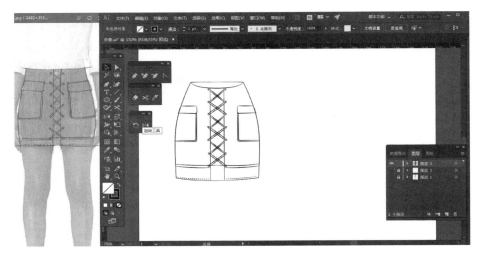

图2-29

4. 执行［钢笔工具］（快捷键［P］）将绘制完成的该半身裙正面款式图选中，按住［Alt］键将其复制，复制的款式图作为该半身裙背面款式图的模板，执行［选择工具］（快捷键［V］）/［Delete］，删除不需要的装饰线。最终绘制完成的半身裙正背面款式图效果如图2-30所示。

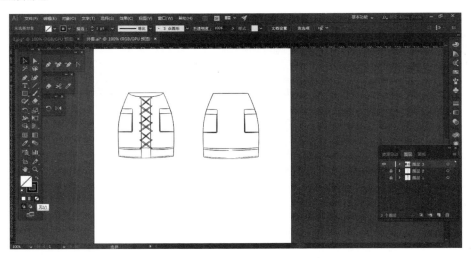

图2-30

5. 执行［导出］/［导出为］/［JPG］/［使用画板］/［300ppi］，效果如图2-31所示。

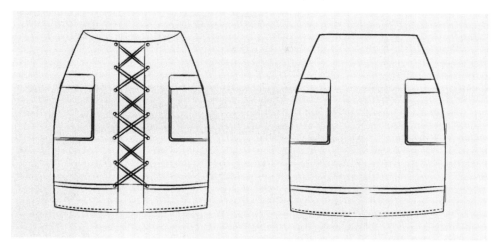

图2-31

（二）裤子类

裤子的种类较多，依据廓型分类，裤子可分为喇叭裤、锥形裤、阔腿裤、直筒裤等，进行裤子设计，设计切入点可选择腰头、口袋、腰省、廓型等，也可以进行绳带、铆钉、镂空等装饰设计。运用Illustrator CC进行款式图绘制，应保持绘图线条的虚实、裤子廓型的准确及其细节的清晰、明了。

1. 打开手绘的款式图手稿以及 Illustrator CC 画好的人体模板，执行［填色］，选择"无"，执行［描边］，选择"黑色"，宽度［1pt］。执行［钢笔工具］（快捷键［P］），运用［钢笔工具］画出该裤子款式图左边部分的外轮廓线，执行［直接选择工具］（快捷键［A］），运用［直接选择工具］将其调顺（图2-32）。

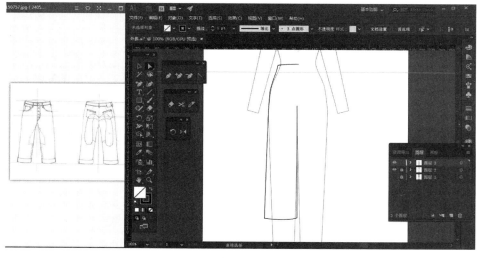

图2-32

2. 执行［钢笔工具］（快捷键［P］），使用［钢笔工具］画出该裤子的款式细节，执行［直接选择工具］（快捷键［A］），运用［直接选择工具］调整顺滑（图2-33）；执行［描边］／［虚线］／［2pt］，画出其装饰线迹（图2-34）。

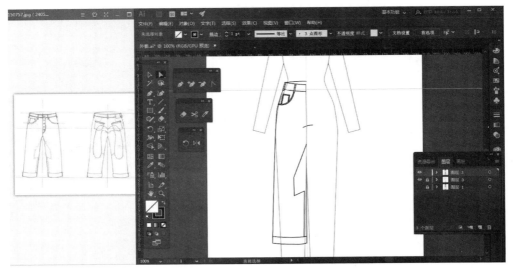

图2-33

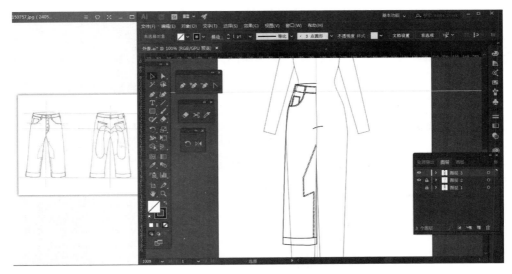

图2-34

执行［选择工具］（快捷键［V］），选中该裤子款式图左边部分，执行［镜像］／［垂直］／［复制］，复制出该裤子右边部分的款式图；执行［钢笔工具］（快捷键［P］），使用［钢笔工具］画出门襟，执行［椭圆工具］画出纽扣，执行［矩形工具］画出扣眼，执行快捷键［V］，选中扣眼，执行右键［排列］／［置于底层］。

执行［选择工具］（快捷键［V］），选中整款款式图，将线条转换为两头虚的线条，最终绘制完成的裤子正面款式图效果如图2-35所示。

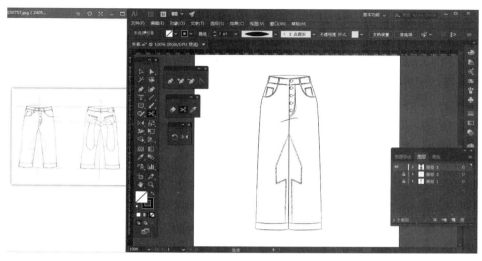

图2-35

3. 执行［选择工具］（快捷键［V］），选中绘制完成的裤子正面款式图，按住［Alt］键将其复制，复制出的款式图用作绘制该款裤子背面款式图的模板。

执行快捷键［V］/［Delete］，删除不需要的部分，执行［钢笔工具］（快捷键［P］），运用［钢笔工具］画出其背面款式的装饰省，执行［描边］/［虚线］/［镜像］/［垂直］/［复制］。至此，该裤子的正背面款式图绘制完成，效果如图2-36所示。

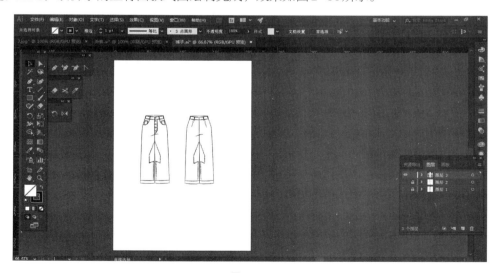

图2-36

4. 执行［导出］/［导出为］/［JPG］/［使用画板］/［300ppi］，效果如图2-37所示。

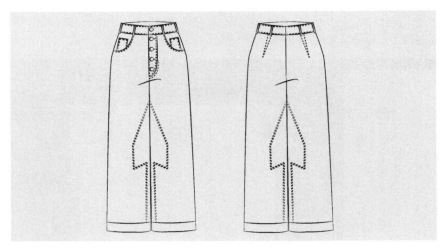

图2-37

三、一体装款式图绘制过程

（一）连衣裙类

使用Illustrator CC软件绘制款式图，可以自行绘制人体模板，也可以用真人作为模板。注意，以真人为模板，真人应是直立、静止的站姿，以便款式图的绘制与表达。

1. 打开手绘的款式图手稿以及画好的人体模板，执行［填色］，选择"无"，执行［描边］，选择"黑色"，宽度［1pt］（图2-38）。

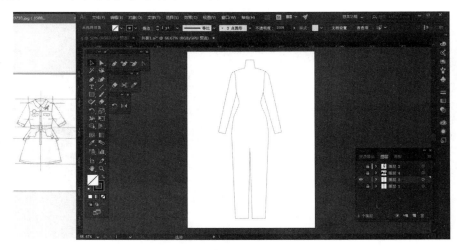

图2-38

2. 执行［标尺工具］/［选择工具］（快捷键［V］），拉出参考线，作为该款连衣裙的中心线，放置在人体模板的中心位置，新建一个图层，运用［钢笔工具］（快捷键［P］）/［曲率工具］（快捷键［Shift+~］）画出连衣裙款式图左边部分的外轮廓线，执行［直接选择工具］（快捷键［A］），运用［直接选择工具］将其调顺（图2-39）。

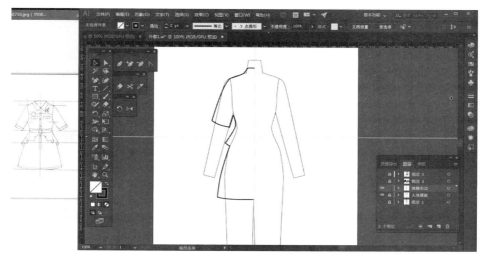

图2-39

3. 运用［钢笔工具］（快捷键［P］）/［曲率工具］（快捷键［Shift+~］）画出连衣裙款式图左边部分的内部线条，执行［直接选择工具］（快捷键［A］），运用［直接选择工具］将其调顺（图2-40）。

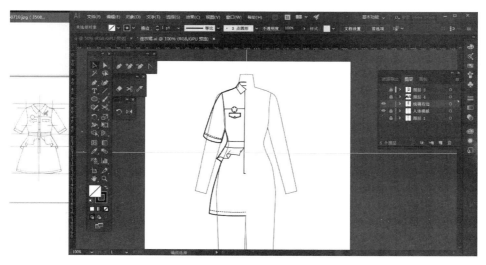

图2-40

4. 隐藏人体模板与参考线，将该款连衣裙的左边部分选中，编组；执行［镜像］/［垂直］/［复制］，执行［圆角矩形工具］，画出腰带的带扣，执行［椭圆工具］（快捷键［L］），按住［Shift］键拖拽［椭圆工具］，画出第一粒纽扣，按住［Alt］键复制纽扣（图2-41）。

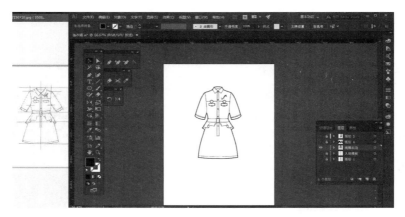

图2-41

5. 执行［导出］/［导出为］，保存类型选择［JPG］（图2-42），最终款式图效果如图2-43所示。

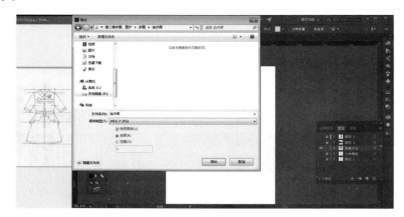

图2-42

图2-43

（二）连体裤类

1. 打开手绘的款式图手稿以及画好的人体模板，执行［填色］，选择"无"，执行［描边］，选择"黑色"，宽度［1pt］（图2-44）。

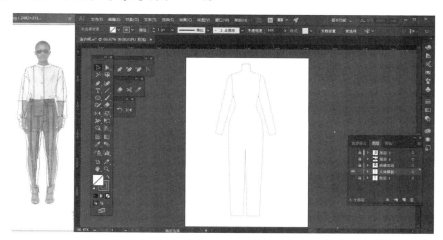

图2-44

2. 执行［标尺工具］/［选择工具］（快捷键［V］），拉出参考线，作为该款连体裤的中心线，放置在人体模板的中心位置，新建一个图层，运用［钢笔工具］（快捷键［P］）/［曲率工具］（快捷键［Shift+~]）画出连体裤款式图左边部分的外轮廓线，执行［直接选择工具］（快捷键［A］），运用［直接选择工具］将其调顺（图2-45）。

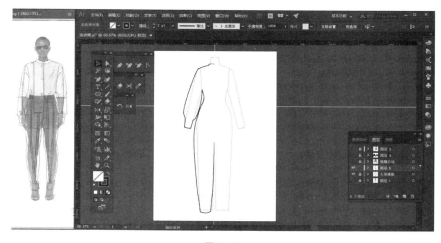

图2-45

3. 运用［钢笔工具］（快捷键［P］）/［曲率工具］（快捷键［Shift+~]）画出该款连体裤左边部分的内部线条，执行［直接选择工具］（快捷键［A］），运用［直接选择工具］将其调顺（图2-46）。

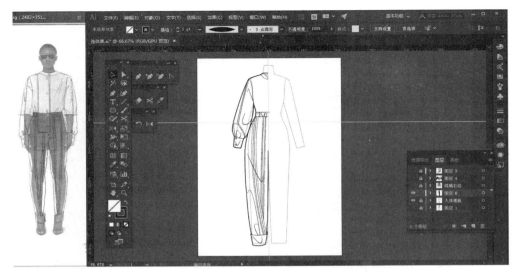

图2-46

4.隐藏人体模板与参考线，将连体裤的左边部分选中，执行［编组］/［镜像］/［垂直］/［复制］/［钢笔工具］，画出右胸部的搭片；按住［Shift］键拖拽［椭圆工具］，画出第一粒纽扣，按住［Alt］键复制纽扣；执行［钢笔工具］（快捷键［P］）画出褶皱线条，执行［曲率工具］（快捷键［Shift+~］）调整（图2-47）。

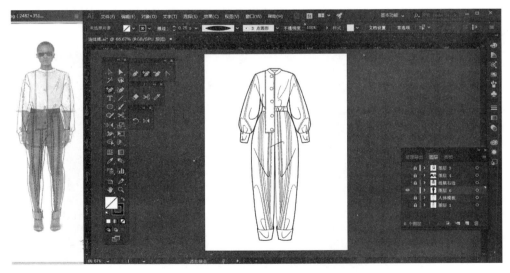

图2-47

5.执行［导出］/［导出为］，保存类型选择［JPG］（图2-48）。最终款式图效果如图2-49所示。

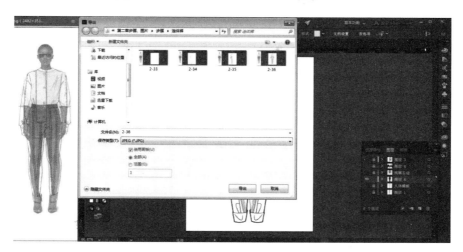

图2-48

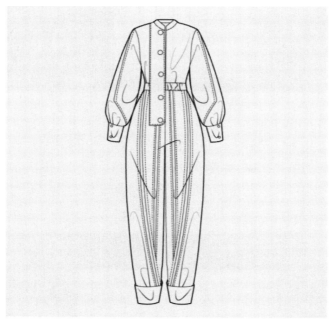

图2-49

四、Illustrator CC服装款式图线条表现特征

使用Illustrator CC软件绘制服装平面款式图的优点是快速且线条流畅。目前，电脑绘制的款式图有黑白线稿与彩色款式图两类，其中黑白线稿的款式图针对线条的处理有三种方式：一是均匀线与虚实线的表现，二是外粗内细的线条表现，三是均匀线与衣褶的表现。下面分别对这三种款式图做示范。

（一）均匀线与虚实线的表现

1. 在用 Illustrator CC 画款式图的时候，可以事先画好款式图，然后照着画好的款式图进行电脑描绘，如前文的案例；当然，也可以在软件里边构想边描绘。本案例没有事先手绘好款式图，而是打开画好的人体模板，执行［填色］，选择"无"，执行［描边］，选择"黑色"，宽度［1pt］（图2-50）。

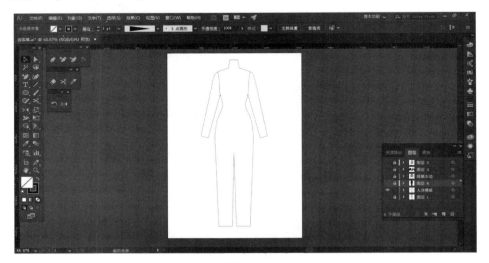

图2-50

2. 执行［标尺工具］/［选择工具］（快捷键［V］），拉出参考线，作为该款式图的中心线，放置在人体模板的中心位置，新建一个图层，运用［钢笔工具］（快捷键［P］）/［曲率工具］（快捷键［Shift+~］）画出款式图左边部分的外轮廓线，执行［直接选择工具］（快捷键［A］），运用［直接选择工具］将其调顺（图2-51）。

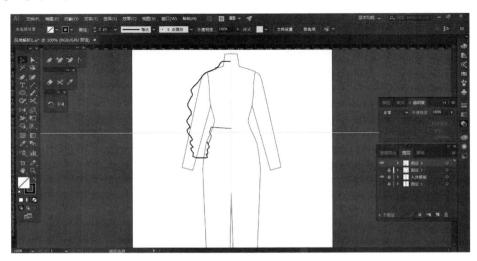

图2-51

3. 运用［钢笔工具］（快捷键［P］）/［曲率工具］（快捷键［Shift+~］）画出该款式图左边部分的内部线条，执行［直接选择工具］（快捷键［A］），运用［直接选择工具］将其调顺（图2-52）。

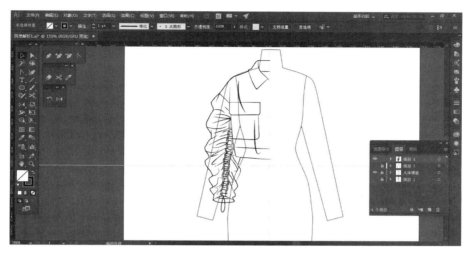

图2-52

4. 隐藏人体模板与参考线，将款式图的左边部分选中，执行［编组］/［镜像］/［垂直］/［复制］/［钢笔工具］，画出领底线、搭门止口线；按住［Shift］键拖拽［椭圆工具］，画出第一粒纽扣外圈，执行［对象］/［路径］/［偏移路径］，画出同心圆纽扣；按住［Alt］键复制纽扣；执行［直线工具］画出门襟的虚线。如图2-53所示，正面款式图绘制完成。

图2-53

5. 选中正面款式图，执行［编组］命令；按住［Alt］键，复制；选中不要的线条，点击［Delete］键删除；画出背面款式图（图2-54）。

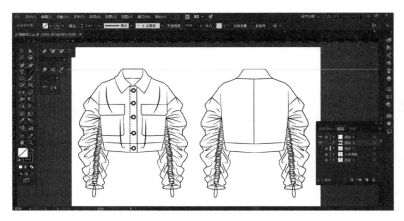

图2-54

6. 执行 [导出] / [导出为]，保存类型选择 [JPG]（图2-55）。最终的效果如图2-56
所示。

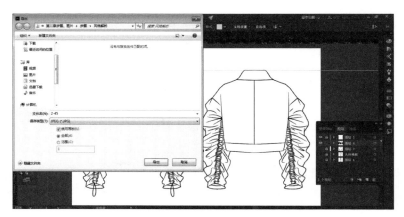

图2-55

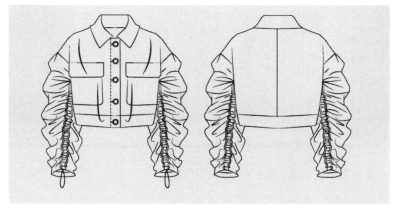

图2-56

（二）外粗内细的线条表现

1. 打开画好的人体模板，执行［填色］，选择"无"，执行［描边］，选择"黑色"，宽度［1pt］（图2-57）。

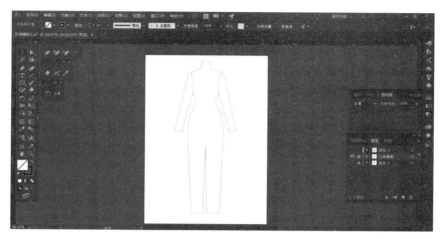

图2-57

2. 执行［标尺工具］/［选择工具］（快捷键［V］），拉出参考线，作为该款式图的中心线，放置在人体模板的中心位置，新建一个图层，运用［钢笔工具］（快捷键［P］）/［曲率工具］（快捷键［Shift+~］）画出款式图左边部分的外轮廓线，执行［直接选择工具］（快捷键［A］），运用［直接选择工具］将其调顺（图2-58）。

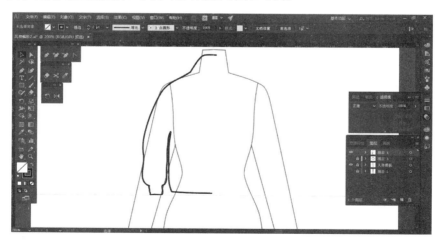

图2-58

3. 运用［钢笔工具］（快捷键［P］）/［曲率工具］（快捷键［Shift+~］）画出该款式图左边部分的内部线条，执行［直接选择工具］（快捷键［A］），运用［直接选择工具］将其调顺（图2-59）。

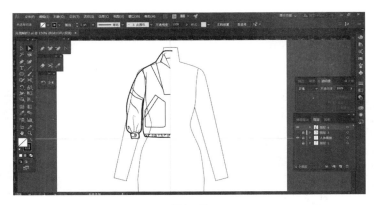

图2-59

4. 隐藏人体模板与参考线，将款式图的左边部分选中，执行［编组］/［镜像］/［垂直］/［复制］/［钢笔工具］，画出拉链线，正面款式图绘制完成（图2-60）。

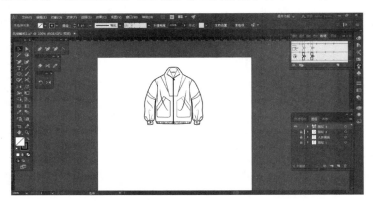

图2-60

5. 选中正面款式图，执行［编组］命令；按住［Alt］键，复制；选中不要的线条，点击［Delete］键删除；画出背面款式图（图2-61）。

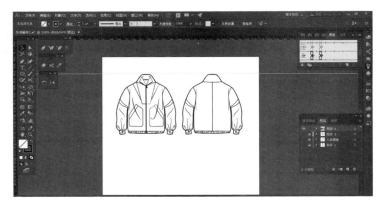

图2-61

6. 执行［导出］/［导出为］，保存类型选择［JPG］（图2-62）。最终的效果如图2-63所示。

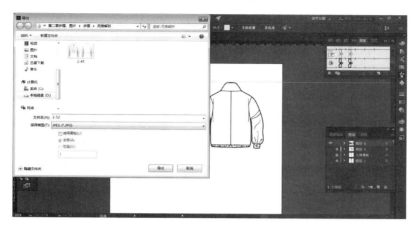

图2-62

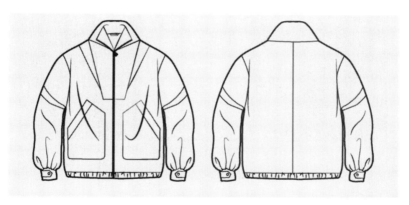

图2-63

（三）均匀线与衣褶的表现

使用Illustrator CC软件绘制款式图，可以绘制出少量衣褶，以便款式图看起来更加生动。具体绘制步骤如下。

1. 打开画好的人体模板，执行［填色］，选择"无"，执行［描边］，选择"黑色"，宽度［1pt］（图2-64）。

2. 执行［标尺工具］/［选择工具］（快捷键［V］），拉出参考线，作为该款式图的中心线，放置在人体模板的中心位置，新建一个图层，运用［钢笔工具］（快捷键［P］）/［曲率工具］（快捷键［Shift+~］）画出款式图（本案例为边画、边设计，没有手绘线稿）左边部分的外轮廓线，点击［直接选择工具］（快捷键［A］），运用［直接选择工具］将其调顺（图2-65）。

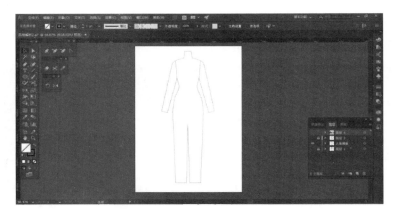

图2-64

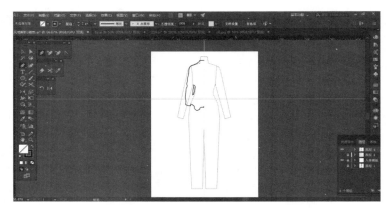

图2-65

3. 运用［钢笔工具］（快捷键［P］）／［曲率工具］（快捷键［Shift+~］）画出该款式图左边部分的内部线条，先画结构线及装饰线，后画衣褶线，点击［直接选择工具］（快捷键［A］），运用［直接选择工具］将其调顺（图2-66）。

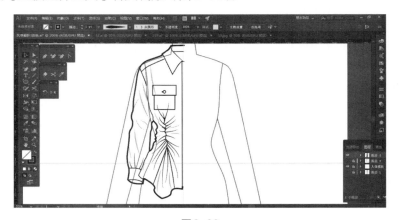

图2-66

4. 隐藏人体模板与参考线，将该款式图的左边部分选中，执行［编组］/［镜像］/［垂直］/［复制］；执行［拉链画笔］画出拉链。如图2-67所示，正面款式图绘制完成。

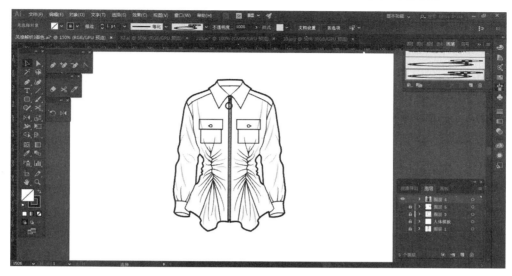

图2-67

5. 选中正面款式图，执行［编组］命令；按住［Alt］键，复制；选中不要的线条，点击［Delete］键，删除；画出背面款式图（图2-68）。

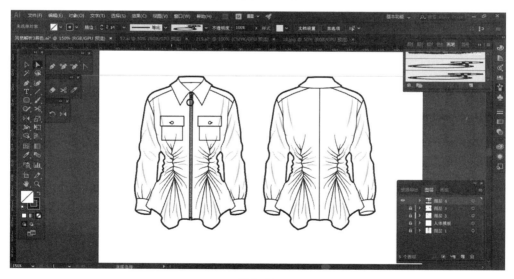

图2-68

6. 执行［导出］/［导出为］，保存类型选择［JPG］（图2-69）。最终的效果如图2-70所示（出于服装款式整体性的考虑，款式只保留一个口袋）。

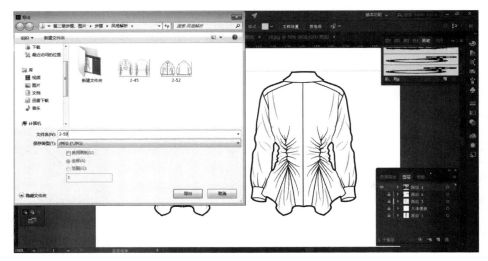

图2-69

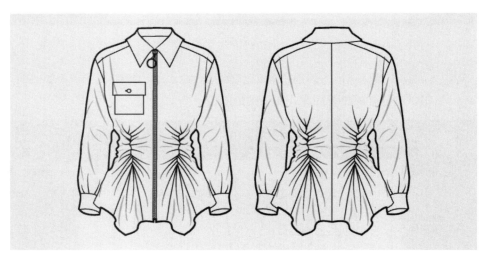

图2-70

五、Illustrator CC 服装款式图图案与色彩填充

（一）范例一（矢量图案填充）

1.当画好黑白线稿平面款式图之后，可以对其填色或者添加面料。图2-71所示为已经画好的黑白线稿款式图。

2. 执行［选择工具］（快捷键［V］），选中款式图的外轮廓线，点击色板中需要的矢量图案，即可为款式图填充面料；接着，执行快捷键［V］，选中领口轮廓线，执行［填色］，选择"蓝灰色"，执行［描边］，选择"无"，填充款式图里子的颜色（图2-72）。

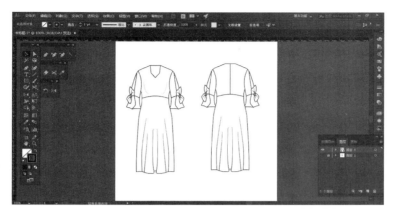

图2-71

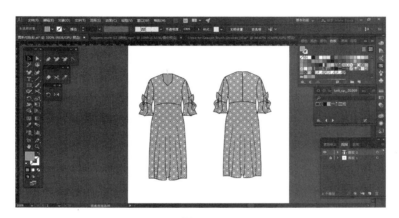

图2-72

3. 新建一个图层，执行［钢笔工具］（快捷键［P］），画出阴影部分，执行［填色］，选择"暗灰色"，执行［描边］，选择"无"，透明度选择"正片叠底"，画出领子的暗部（图2-73）。

图2-73

4. 执行［导出］/［导出为］，保存类型选择［JPG］（图2-74）。最终的效果如图2-75所示。

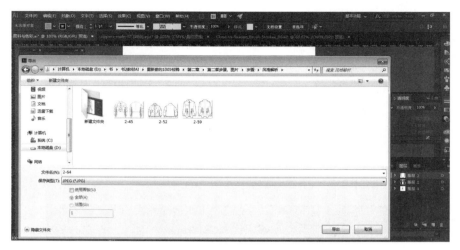

图2-74

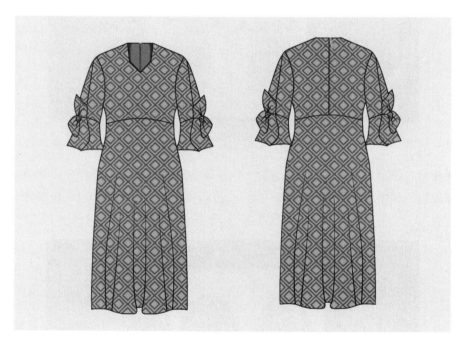

图2-75

（二）范例二（位图素材填充）

1. 当画好黑白线稿平面款式图之后，可以对其填色或者添加面料。图2-76所示为已经画好的黑白线稿款式图。

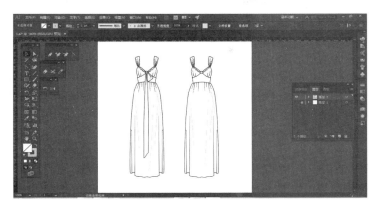

图2-76

2. 置入位图素材，并调整到合适大小，右键选择［排列］/［置入底层］（图2-77）。

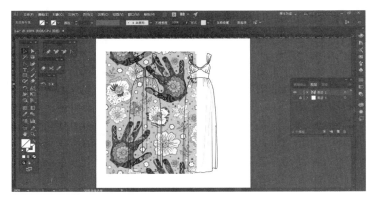

图2-77

3. 按住［Shift］键，同时选中位图素材与款式图的外轮廓线，右键选择［建立剪切蒙版］，执行［排列］/［置入底层］，同时执行［填色］，选择"无"，执行［描边］，选择"黑色"；以同样方式填充背面款式图，完成的效果如图2-78所示。

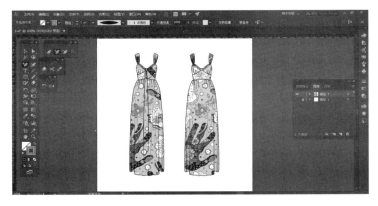

图2-78

4. 阴影效果的制作,将款式图导入 PS 软件中;新建一个图层,执行［创建剪切蒙版］,画出阴影的形状(图2-79)。最终效果如图2-80所示。

图2-79

图2-80

小结

本章展示了不同服装品类、模板的款式图绘制技巧与步骤，内容丰富、全面，绘制过程完整，步骤较为详细，可操作性强。

思考练习题

总结归纳使用Illustrator CC软件绘制不同服装品类的技巧与步骤，并用文字加以说明。

第三章

Illustrator CC 服装款式局部表现

一、衣领款式表现

（一）无领

无领，指没有领面只有领口线的衣领，基础无领包括圆领、V领、方领等。通过设计，无领可以有不同风格的领型变化。无领的表现，重点是把领口线与门襟的关系绘制明确即可。本章案例的表现风格均采用均匀线与虚实线相结合的表现风格。具体绘制步骤如下。

1.打开选择要画的款式素材及画好的人体模板（图3-1）。

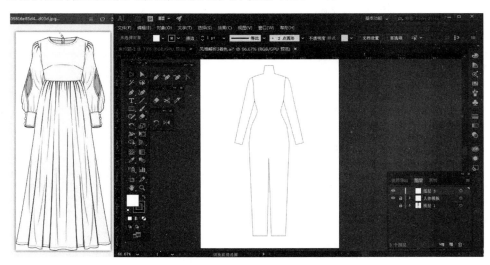

图3-1

2.执行［视图］/［标尺］/［选择工具］（快捷键［V］），拉出参考线，作为人体模板的中心线；执行［钢笔工具］（快捷键［P］）与［曲率工具］，画出该款式左边部分的外轮廓线，执行［填色］，选择"无"，执行［描边］，选择"黑色"，宽度［1pt］；执行快捷键［P］与［曲率工具］，画出该款式左边部分内部的线条，执行［直接选择工具］（快捷键［A］），并将其线条调顺（图3-2）。

3.将该款式的左边部分选中编组；执行［镜像］/［垂直］/［复制］，复制出该款式的右边部分（图3-3）。最终画出的款式效果如图3-4所示。

图3-2

图3-3

图3-4

4. 无领款式设计案例如图 3-5～图 3-7 所示。

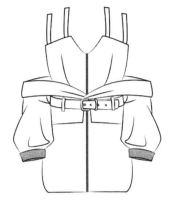

图 3-5

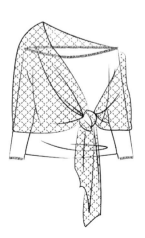

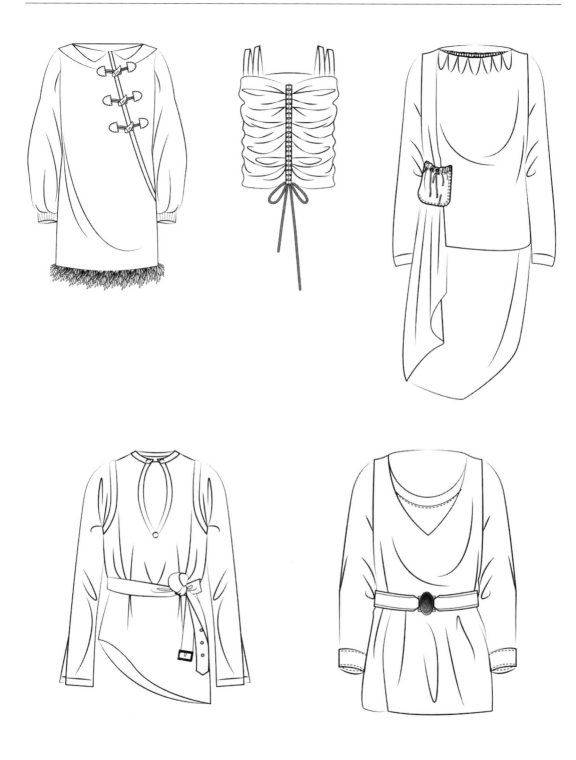

图3-6

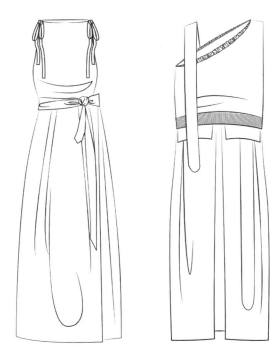

图3-7

（二）立领

立领，指领面立起并围绕于颈部的领子。立领的特点是稳定、严谨、挺拔，具有防风、保暖的作用。立领的表现较为简单，没有特殊的结构线，以美观为原则。具体绘制步骤如下。

1. 打开选择要画的款式素材及画好的人体模板（图3-8）。

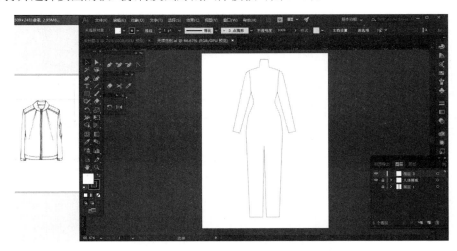

图3-8

2. 执行［视图］/［标尺］，点击［选择工具］（快捷键［V］），拉出参考线，作为人体模板的中心线；执行［钢笔工具］（快捷键［P］）与［曲率工具］，画出该款式左边部分的外轮廓线，执行［填色］，选择"无"，执行［描边］，选择"黑色"，宽度［1pt］（图3-9）。

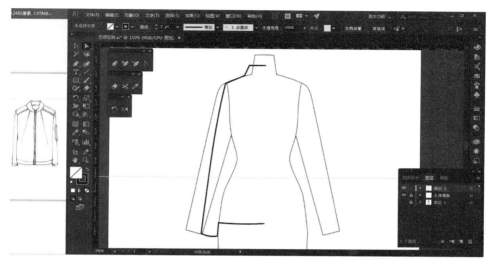

图3-9

3. 执行快捷键［P］与［曲率工具］，画出该款式左边部分内部的线条，单击［直接选择工具］（快捷键［A］），并将其线条调顺（图3-10）。

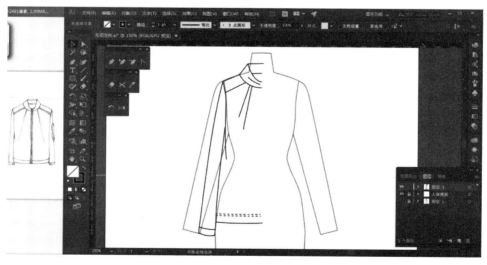

图3-10

4. 将该款式的左边部分选中编组；执行［镜像］/［垂直］/［复制］，复制出该款式的右边部分（图3-11）。最终画出的款式效果如图3-12所示。

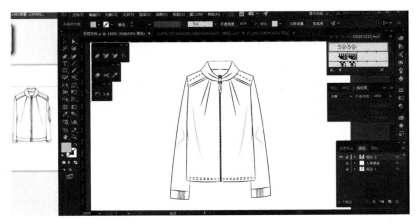

图3-11

图3-12

5. 立领款式设计案例如图3-13～图3-15所示。

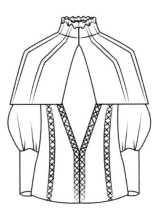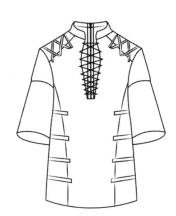

图 3-13

图 3-14

图3-15

（三）翻领

翻领，指领面向外翻折的领型，适用于不同类别的服装，应用较为广泛。设计者可以发挥自己丰富的想象力进行设计，其款式特点给人以服帖、稳定之感。翻领主要分为无座翻领（图3-16）、有座翻领（图3-17）。具体绘制步骤如下。

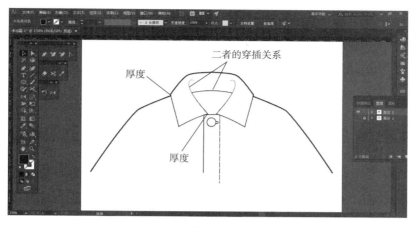

图3-16

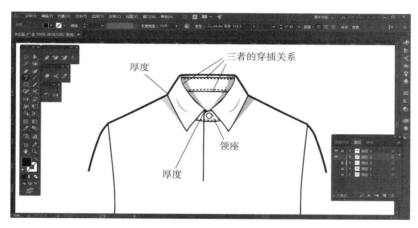

图3-17

1. 打开选择要画的款式素材及画好的人体模板（图3-18）。

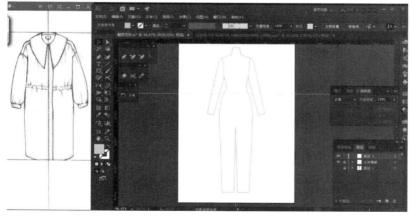

图3-18

2. 执行 [视图] / [标尺] / [选择工具] (快捷键 [V]), 拉出参考线, 作为人体模板的中心线; 执行 [钢笔工具] (快捷键 [P]) 与 [曲率工具], 画出该款式左边部分的外轮廓线, 执行 [填色], 选择 "无", 执行 [描边], 选择 "黑色", 宽度 [1pt] (图3-19)。

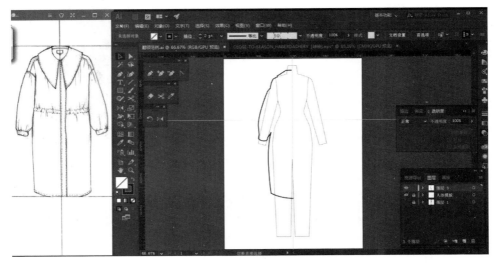

图3-19

3. 执行快捷键 [P] 与 [曲率工具], 画出该款式左边部分内部的线条, 点击 [直接选择工具] (快捷键 [A]), 并将其线条调顺 (图3-20)。

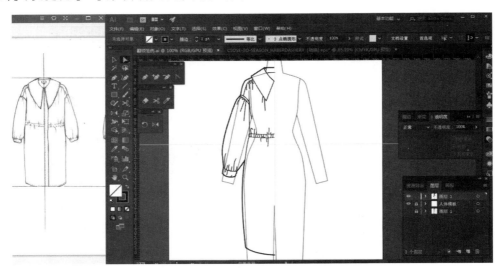

图3-20

4. 将该款式的左边部分选中编组; 执行 [镜像] / [垂直] / [复制], 复制出该款式的右边部分 (图3-21)。最终画出的款式效果如图3-22所示。

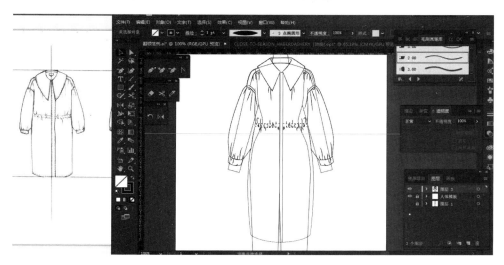

图3-21

图3-22

5. 翻领款式设计案例如图3-23~图3-25所示。在绘制翻领时，应该重点画出领子的翻折线与领围线的穿插关系。

图3-23

图3-24

图3-25

（四）翻驳领

翻驳领，是西装领的一种，由翻领、驳领两个领片结构构成。驳头指翻领的款式与衣身门襟相连接的部位。驳头结构复杂，工艺较难，设计师可以对其外形、大小、止口位置等进行设计与变化（图3-26）。具体绘制步骤如下。

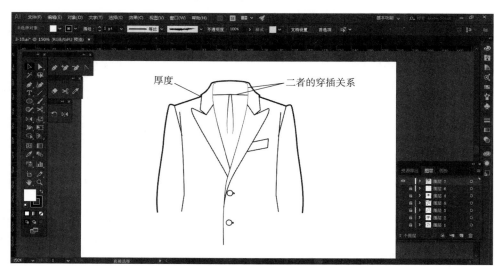

图3-26

1.打开选择要画的款式素材及画好的人体模板（图3-27）。

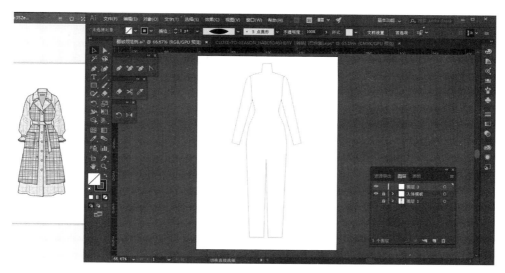

图3-27

2. 执行［视图］/［标尺］/［选择工具］（快捷键［V］），拉出参考线，作为人体模板的中心线；执行［钢笔工具］（快捷键［P］）与［曲率工具］，画出该款式左边部分的外轮廓线，执行［填色］，选择"无"，执行［描边］，选择"黑色"，宽度［1pt］（图3-28）。

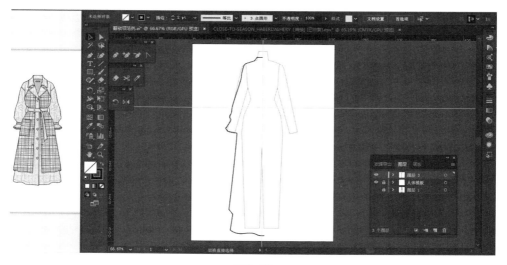

图3-28

3. 执行快捷键［P］与［曲率工具］，画出该款式左边部分内部的线条，执行［直接选择工具］（快捷键［A］），并将其线条调顺（图3-29）。

4. 将该款式的左边部分选中编组；执行［镜像］/［垂直］/［复制］，复制出该款式的右边部分；运用［图案画笔］，填充图案；执行［导出］/［导出为］/［JPG］（图3-30）。最终画出的款式效果如图3-31所示。

图 3-29

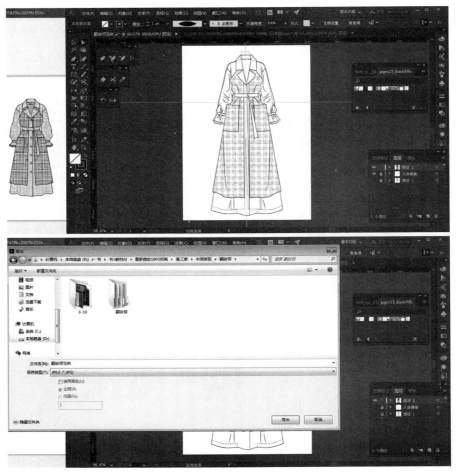

图 3-30

图3-31

5. 翻驳领款式设计案例如图3-32～图3-35所示。在翻驳领绘制过程中，应当注意翻折线与领围线的关系。

图3-32

图3-33

图3-34

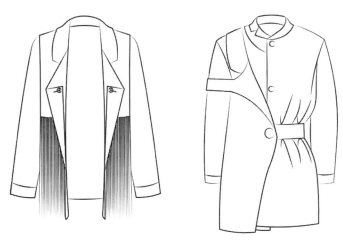

图 3-35

二、衣袖款式表现

（一）无袖

无袖，指只有袖窿弧线而没有袖片的款式。其设计重点是袖窿的位置与大小，以及袖窿的装饰设计。作为整体服装的局部，其式样依然受流行左右。具体绘制步骤如下。

1. 打开要画的款式及绘制好的人体模板（图 3-36）。

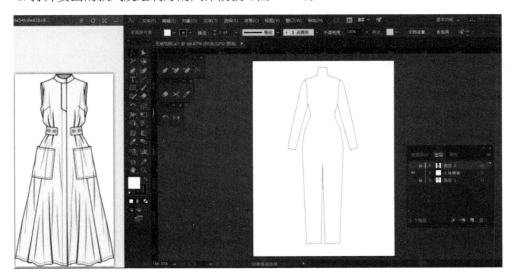

图 3-36

2. 执行［钢笔工具］（快捷键［P］），画出衣袖的外轮廓线（图 3-37）。

3. 执行快捷键［P］，画出衣袖内部的线条（图 3-38）。

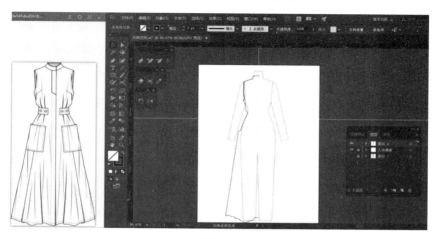

图3-37

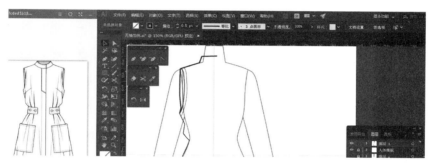

图3-38

4. 无袖款式设计案例如图3-39~图3-42所示。

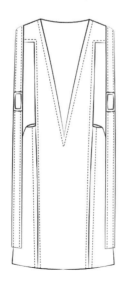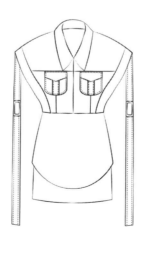

图3-39

图 3-40

图3-41

图3-42

（二）装袖

装袖，指袖片与衣身分开裁剪，于臂根围处缝合，此类衣袖活动方便，适用于春夏秋冬四季服装，其衣袖款式变化随流行改变而变化。具体绘制步骤如下。

1.打开准备好的款式图和人体模板（图3-43）。

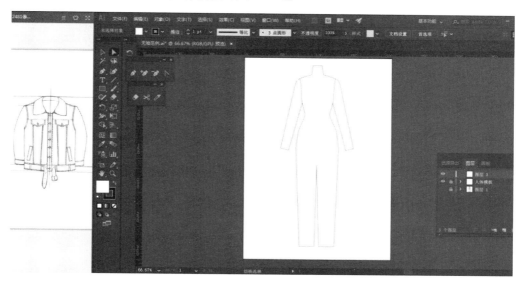

图3-43

2.执行［视图］/［标尺］/［选择工具］（快捷键［V］），拉出人体模板的前中心线与腰围线的参考线；执行［钢笔工具］（快捷键［P］），画出衣袖的外轮廓线，执行［直接选择工具］（快捷键［A］）将外轮廓线调顺（图3-44）。

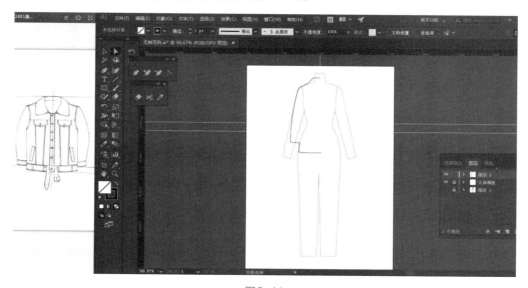

图3-44

3. 执行快捷键［P］，画出衣袖内部的线条（图3-45）。

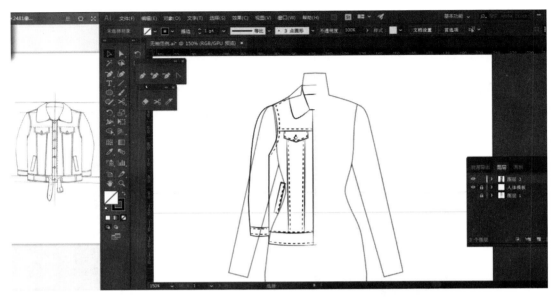

图3-45

4. 装袖款式设计案例如图3-46～图3-49所示。

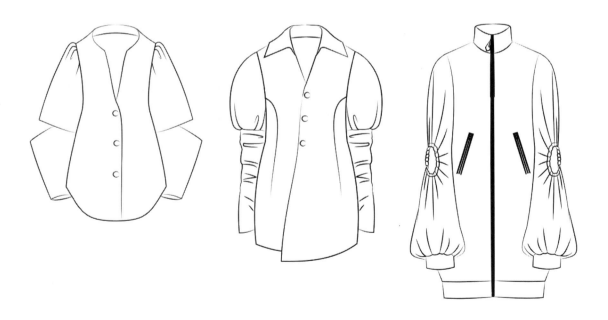

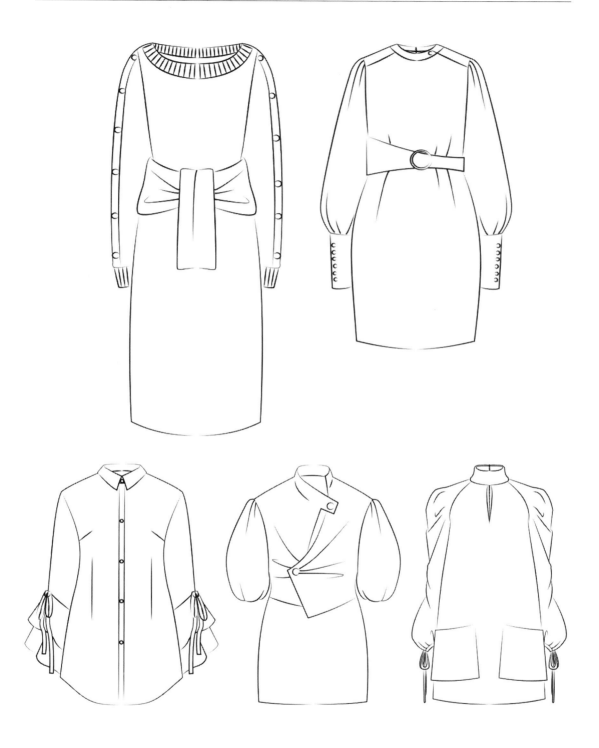

图3-46

图3-47

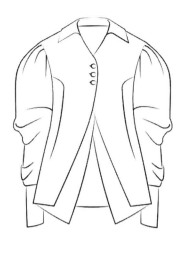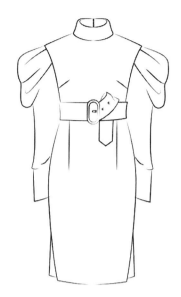

图3-48

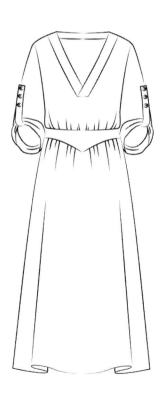

图3-49

（三）插肩袖

插肩袖，指衣服的袖子裁片与肩部相连，也称连肩袖。具体绘制步骤如下。

1. 打开准备好的款式图和人体模板（图3-50）。

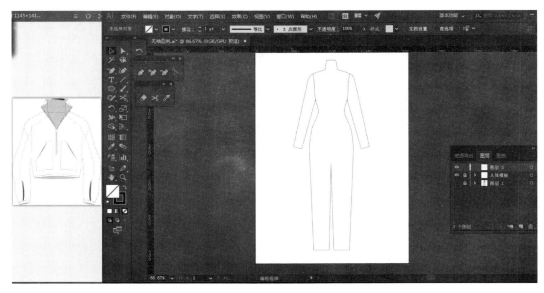

图3-50

2. 执行［视图］/［标尺］/［选择工具］（快捷键［V］），拉出人体模板的前中心线和腰围线的参考线；执行［钢笔工具］（快捷键［P］），画出衣袖的外轮廓线，执行［直接选择工具］（快捷键［A］）将外轮廓线调顺（图3-51）。

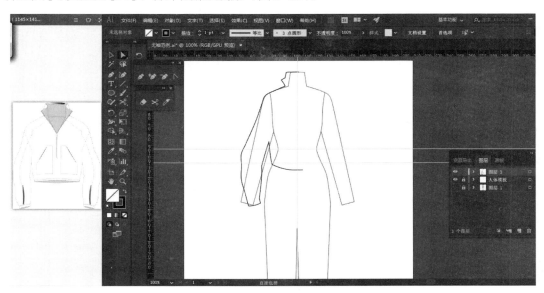

图3-51

3. 执行快捷键［P］，画出衣袖内部的线条；执行快捷键［A］将画出的线条调顺（图3-52）。

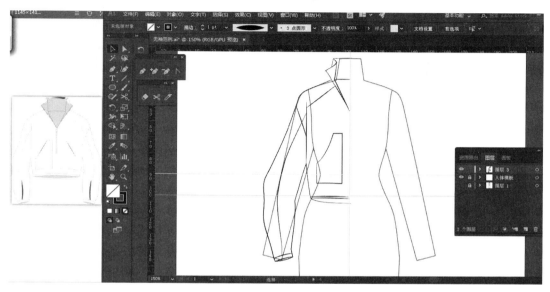

图3-52

4. 插肩袖款式设计案例如图3-53～图3-56所示。

图3-53

图3-54

图3-55

图3-56

（四）连衣袖

连衣袖，又称中式袖、和服袖，是我国历史上出现最早的一种袖型，指衣袖与衣身连成一体裁制而成。这类连衣袖的服装通常宽松、舒适，廓型较大。具体绘制步骤如下。

1. 打开准备好的款式图和人体模板（图3-57）。

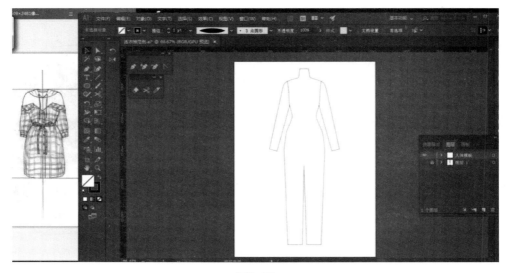

图3-57

2. 执行［视图］/［标尺］/［选择工具］（快捷键［V］），拉出人体模板的前中心线和腰围线的参考线；执行［钢笔工具］（快捷键［P］），画出衣袖的外轮廓线，执行［直接选择工具］（快捷键［A］）将外轮廓线调顺（图3-58）。

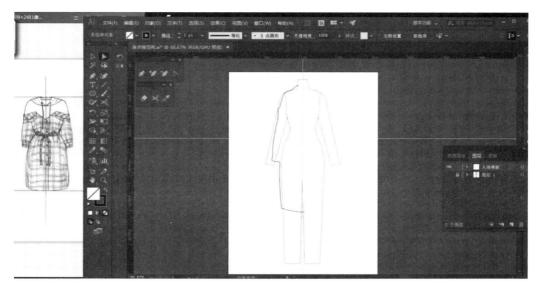

图3-58

3. 执行快捷键［P］，画出衣袖内部的线条；执行快捷键［A］，将画出的线条调顺（图3-59）。

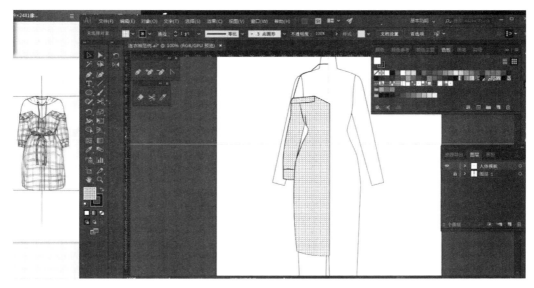

图3-59

4. 连衣袖款式设计案例如图3-60～图3-63所示。

图3-60

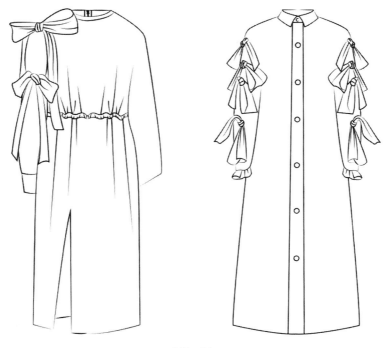

图 3-61

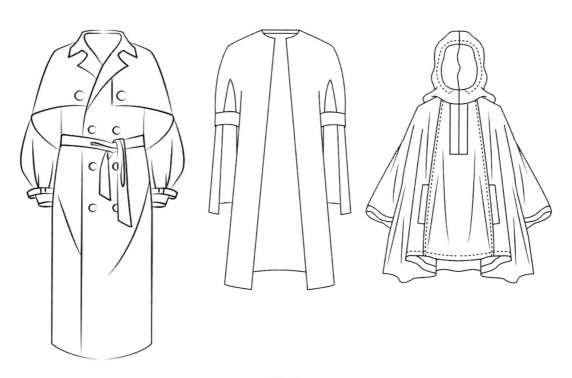

图 3-62

图3-63

三、门襟款式表现

门襟，指服装上的开口设计。在使用Illustrator CC画门襟时，需要交代清楚其起始、走向即可（图3-64～图3-79）。

图3-64

图 3-65

图3-66

图3-67

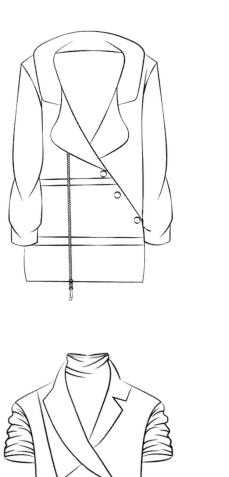

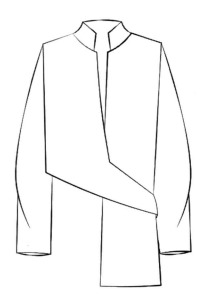

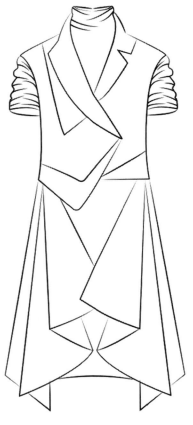

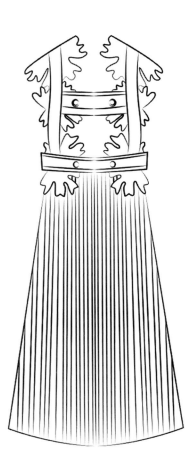

图3-68

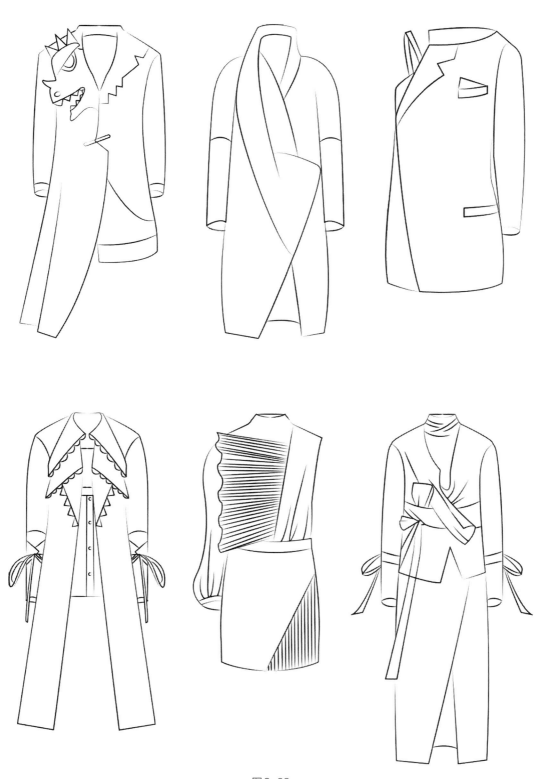

图3-69

图3-70

图3-71

图 3-72

图3-73

图3-74

图3-75

图3-76

图3-77

图3-78

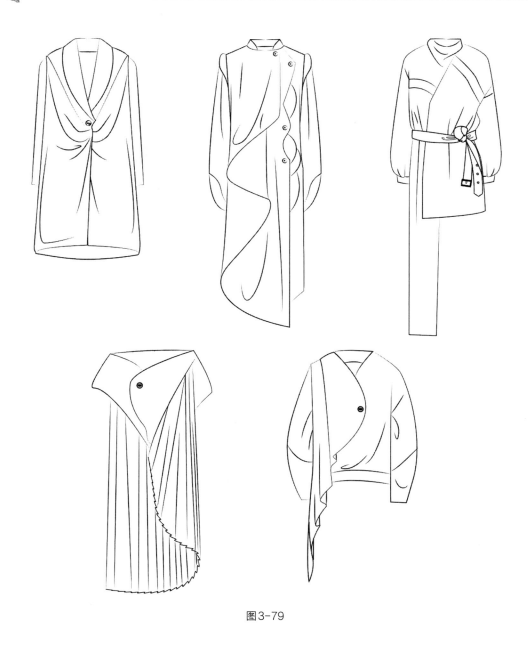

图3-79

四、廓型款式表现

（一）X型

X型，指收腰，肩部、臀部略扩张，胸腰臀对比强烈，能够营造出女性形体曲线美的造型。X型与女性身材的优美曲线相吻合，可以充分展示和强调女性的魅力（图3-80～图3-83）。

图3-80

图3-81

图3-82

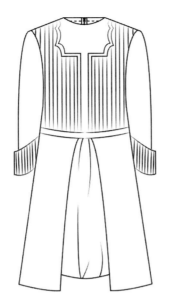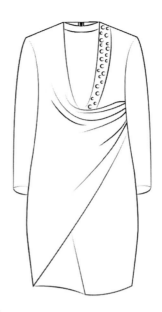

图3-83

（二）A型

　　A型，指一种适度的上窄下宽的平直造型。它通过收缩肩部、夸大摆部而形成一种上小下大的梯形印象，使整体廓型类似大写字母A（图3-84~图3-87）。

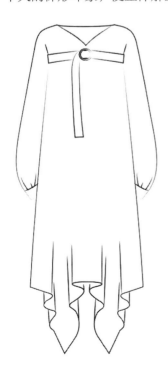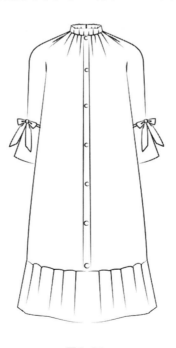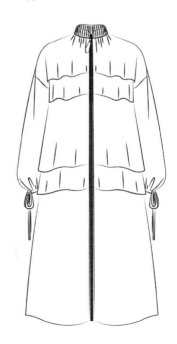

图3-84

图3-85

图 3-86

图3-87

（三）T型

T型，指夸张服装的肩部，收缩摆部，其形类似大写字母T，多用于干练、利落的女装设计中（图3-88~图3-90）。

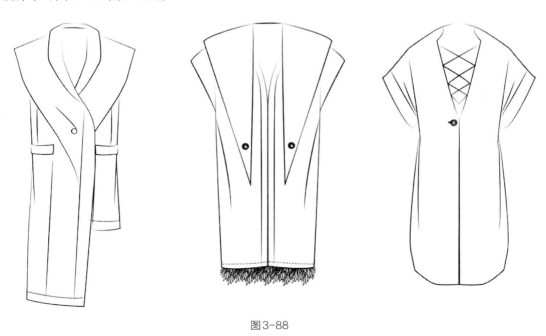

图3-88

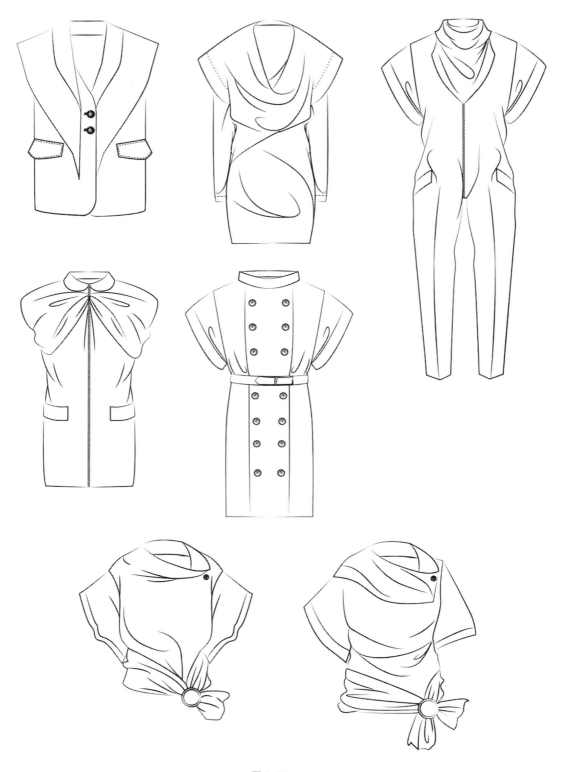

图3-89

图3-90

（四）O型

O型，因服装款式的外廓型形似O而得名。O型的造型重点在腰部，腰部夸大，肩部适体，下摆收紧，使整体呈现出圆润的O型观感（图3-91~图3-94）。

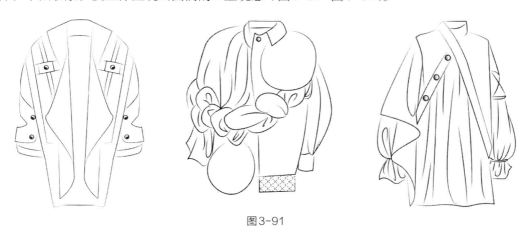

图3-91

图3-92

图3-93

图3-94

（五）H型

　　H型，是一种平直廓型。它弱化了肩、腰、臀之间的宽度差异，外轮廓类似矩形，整体类似大写字母H。由于放松了腰围，胸部无曲线装饰，从而营造出女性的端庄、知性美（图3-95～图3-98）。

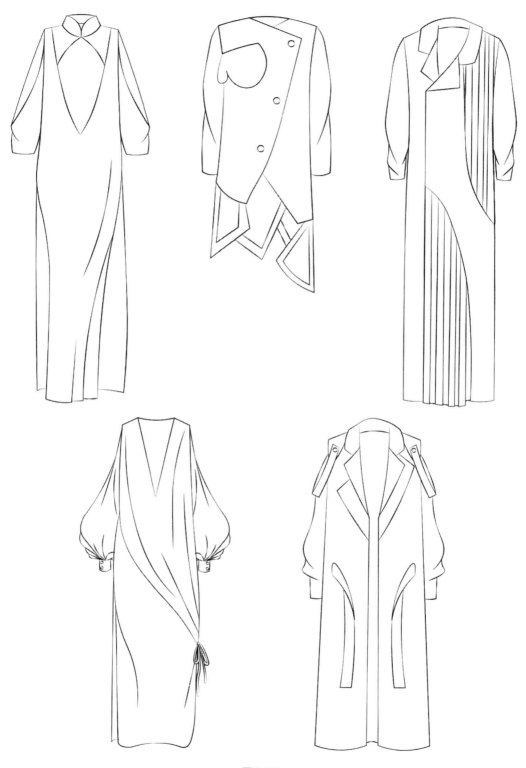

图3-95

图3-96

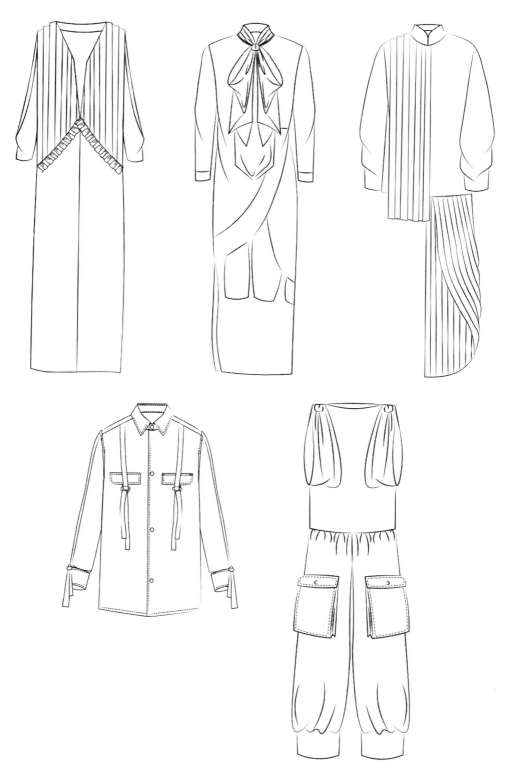

图3-97

图3-98

小结

服装零部件是服装款式重要的构成要素，也是进行服装设计的重要切入点，了解各部件的构成，可以使我们在此基础上进行衍生设计。

思考练习题

1. 练习衣领表现20款。
2. 练习衣袖表现20款。
3. 练习门襟表现20款。
4. 练习廓型表现20款。

要求：以上款式图在追求设计感的同时，均需用Illustrator CC绘制，作业尺寸：A4。

第四章

Illustrator CC服装款式整体表现

一、上装款式表现

（一）衬衫类

衬衫，是一种应用较为广泛的服装品类，四季都可以穿着，成为服装设计师多季主推的品类之一。衬衫设计既可以把衣袖、门襟、衣身、口袋、衣领等作为设计的切入点，也可将这几个方面综合起来作为设计表现手法（图4-1~图4-12）。

图4-1

图4-2

图4-3

图 4-4

图 4-5

图 4-6

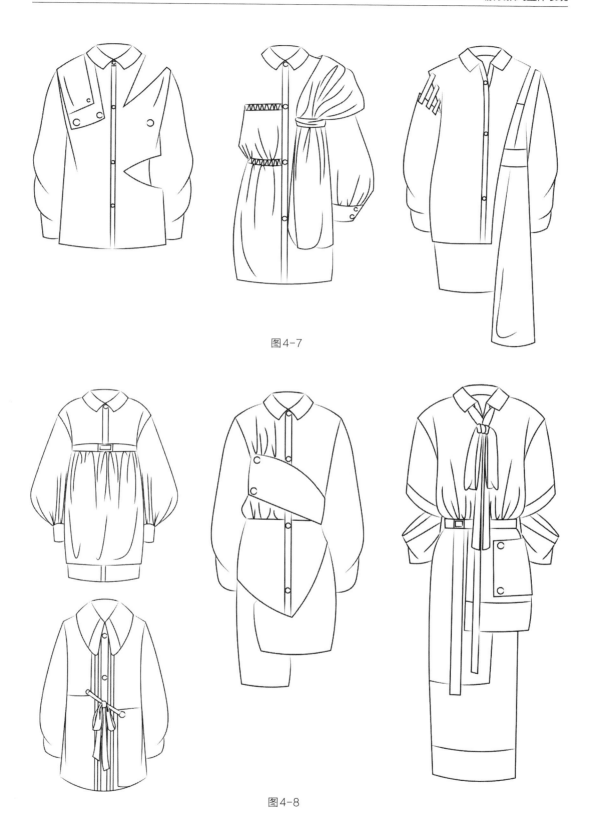

图4-7

图4-8

图4-9

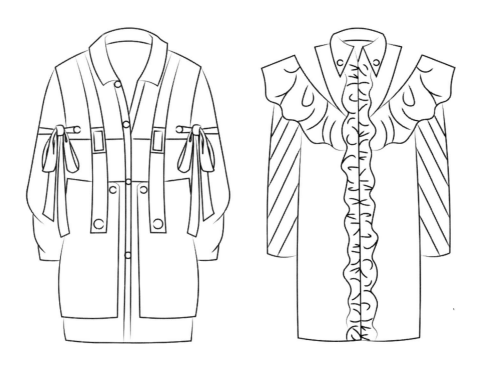

图4-10

图4-11

图4-12

（二）西装类

西装，男女皆可穿着，一年四季适穿，是服装设计师重点设计的上装之一。在进行西装款式设计时，一般会保持西装领型的特征，对其门襟、衣袖、下摆、款型进行设计变化（图4-13~图4-25）。

图4-13

图 4-14

图4-15

图4-16

图4-17

图4-18

图4-19

图4-20

图4-21

图4-22

图4-23

图4-24

图4-25

（三）外套类

服装外套类别较多，如夹克、大衣、风衣、棉服等。外套类服装是上装款式设计的重点，其款式图的绘制是必须掌握的内容（图4-26～图4-39）。

图4-26

图4-27

图4-28

图4-29

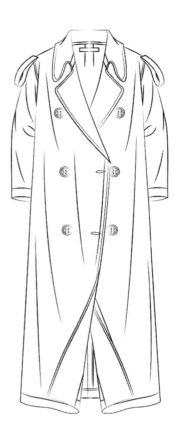

图4-30

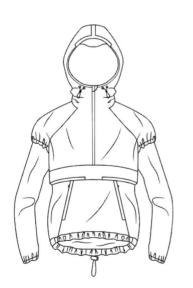
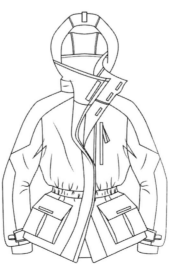
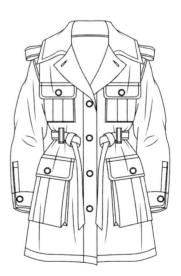

图4-31

图4-32

图 4-33

图4-34

图4-35

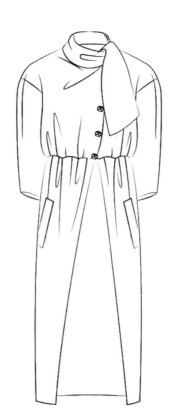
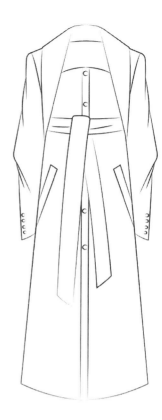

图4-36

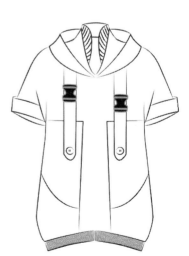

图4-37

图 4-38

图4-39

二、下装款式表现

（一）半身裙类

半身裙是下装的重点款式类型，按廓型可分为H型裙、O型裙、A型裙、鱼尾裙、波浪裙等；依据长短可分为迷你裙、短裙、中长裙、长裙等。半身裙适用于四季穿着，款式多变（图4-40～图4-54）。

图4-40

图4-41

图4-42

图 4-43

图4-44

图4-45

图4-46

图4-47

图4-48

图4-49

图4-50

图4-51

图4-52

图4-53

图4-54

（二）裤子类

裤子依据长短可分为长裤、短裤、九分裤、七分裤等；依据廓型可分为喇叭裤、锥形裤、阔腿裤、直筒裤等。裤子穿着方便，深受广大消费者喜爱（图4-55～图4-61）。

图4-55

图4-56

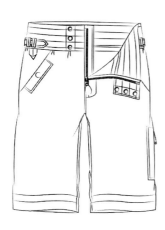

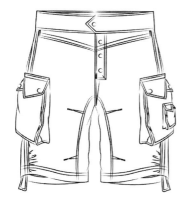
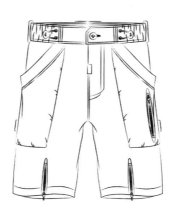
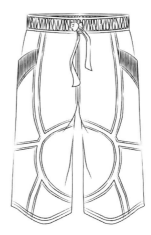

图4-57

图 4-58

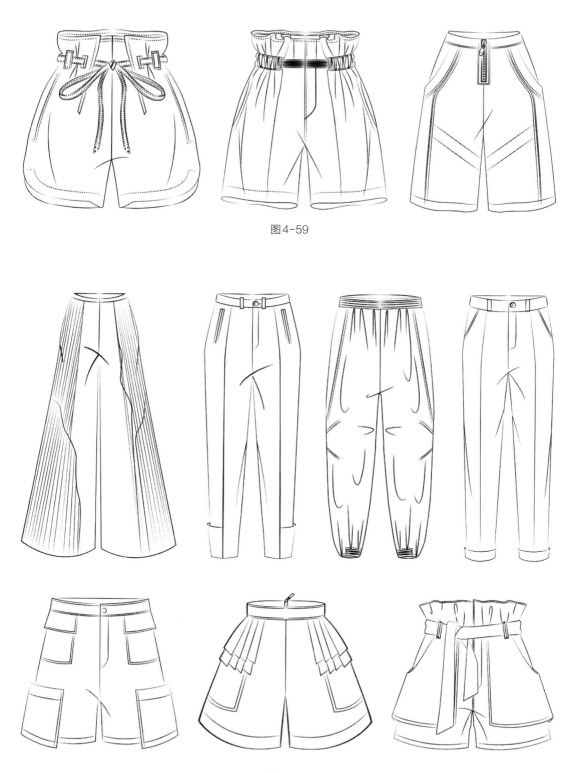

图4-59

图4-60

图4-61

三、一体装款式表现

（一）连衣裙类

连衣裙有吊带款、短袖款、长袖款之分，应用十分广泛（图4-62～图4-97）。

图4-62

图4-63

图4-64

图4-65

图4-66

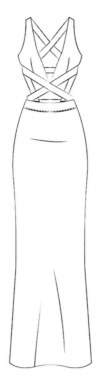

图 4-67

图 4-68

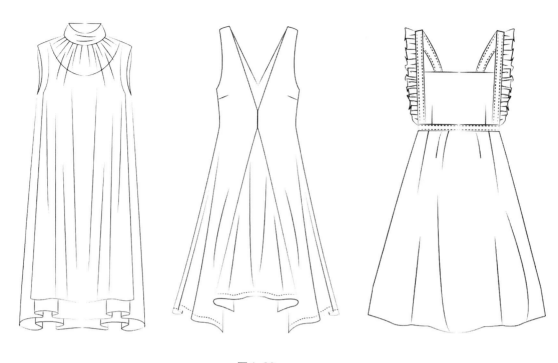

图4-69

图4-70

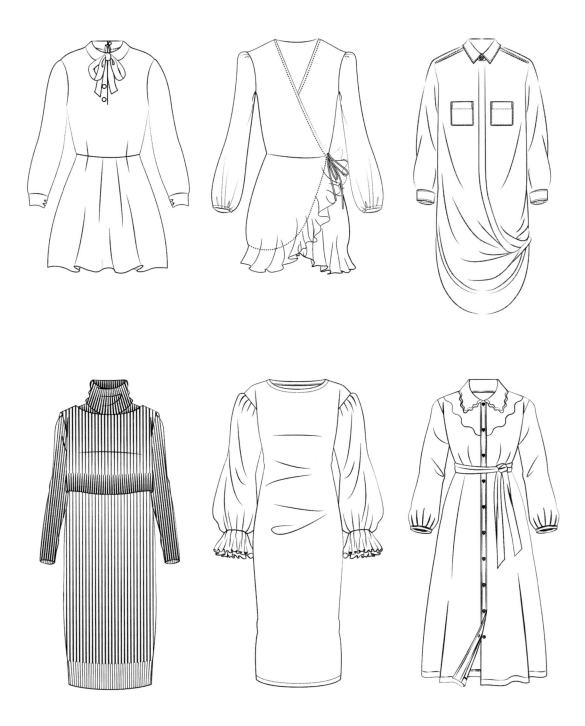

图4-71

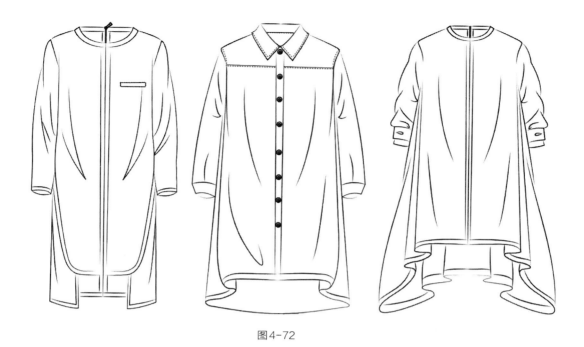

图 4-72

图 4-73

图4-74

图4-75

图4-76

图4-77

图 4-78

图4-79

图4-80

图4-81

图4-82

图4-83

图4-84

图4-85

图4-86

图4-87

图4-88

图4-89

图4-90

图4-91

图4-92

图4-93

图4-94

图4-95

图4-96

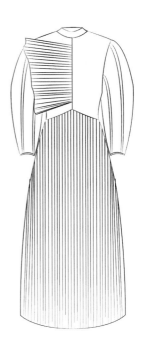

图4-97

（二）连体裤类

连体裤是一类上衣与裤子在腰部连在一起的裤装。连体裤分为连体长裤和连体短裤两类（图4-98～图4-136）。

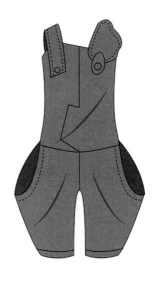

图4-98

图4-99

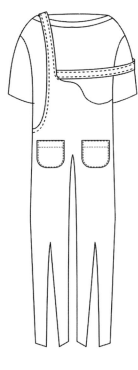
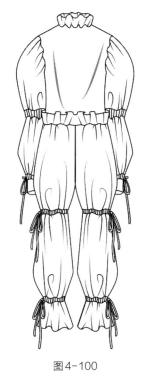

图 4-100

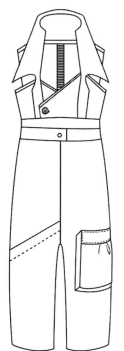
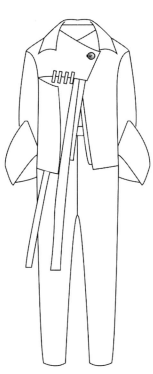

图 4-101

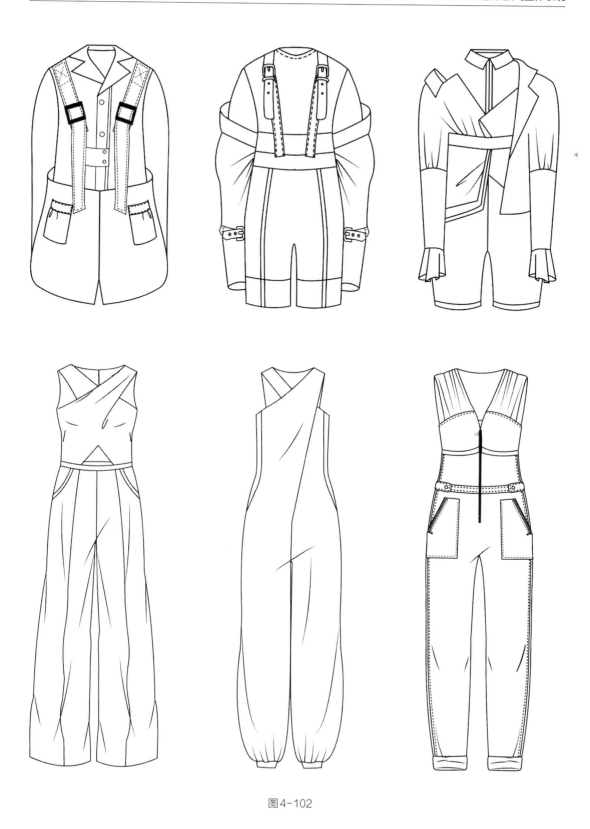

图4-102

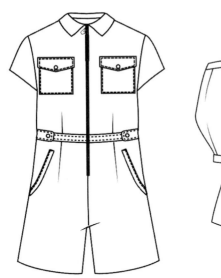

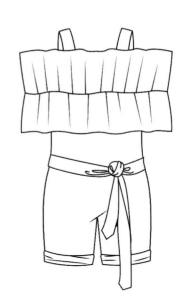

图 4-103

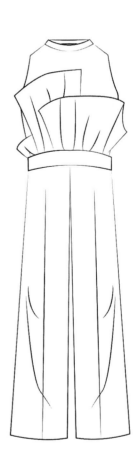

图 4-104

图4-105

图4-106

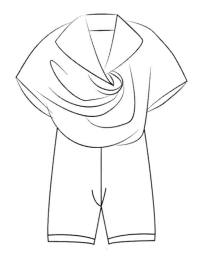
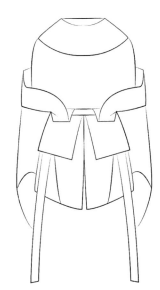

图 4-107

图 4-108

图4-109

图4-110

图 4-111

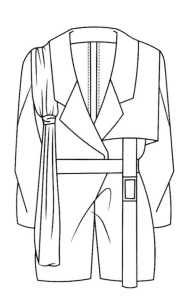

图 4-112

图4-113

图4-114

图 4-115

图 4-116

图4-117

图4-118

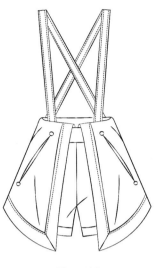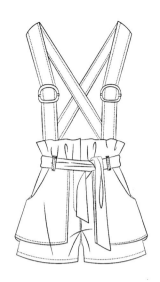

图4-119

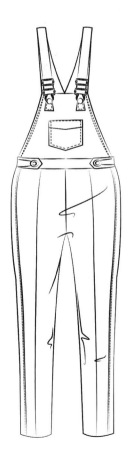

图4-120

图4-121

图4-122

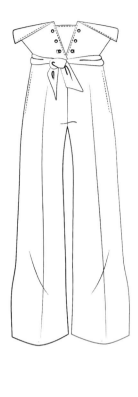

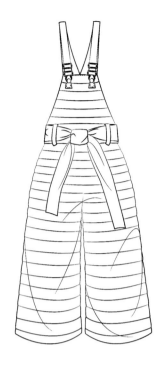

图 4-123

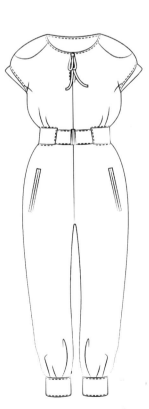

图 4-124

图4-125

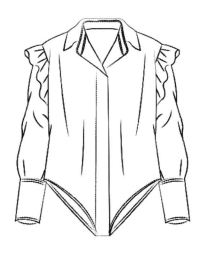

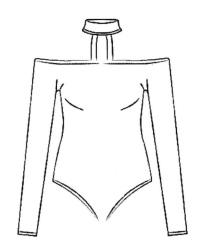

图 4-126

图 4-127

图4-128

图4-129

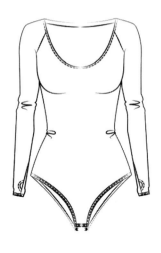

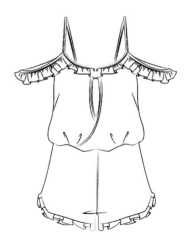

图 4-130

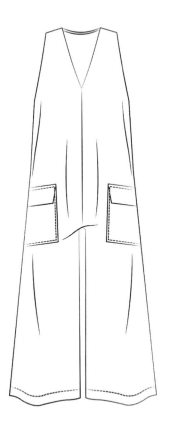

图 4-131

图4-132

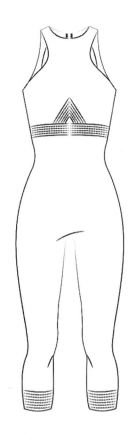

图 4-133

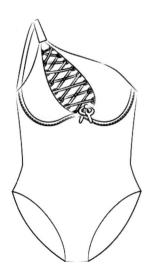

图 4-134

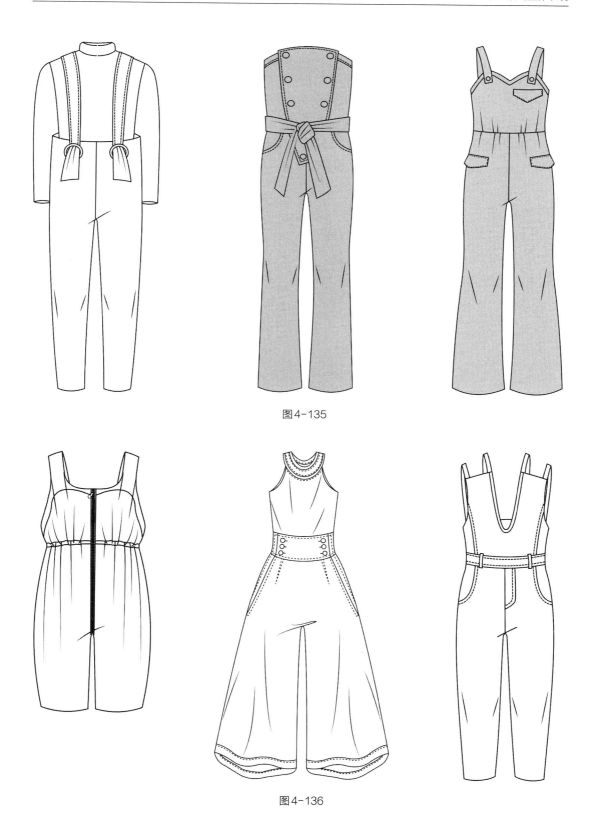

图4-135

图4-136

小结

1. 零部件是构成服装款式的要素，也是进行款式设计的切入点。

2. 设计元素在款式设计中起到关键性作用，我们应善于发现生活中的可用素材，将其转化为服装上的元素。

3. 运用 Illustrator CC 绘制款式图，应保持线条的流畅、款式的比例与结构的准确，还应熟记 Illustrator CC 的快捷键，并能够熟练运用。

思考练习题

1. 归纳上装及下装款式设计的思路与方法。

2. 完成上装及下装款式设计各 50 款，并运用 Illustrator CC 绘制其款式图，在绘制过程中须注重款式图线条的流畅性及虚实表达。

后　记

　　随着信息技术的发展，计算机逐渐成为人们生产生活中必不可少的工具之一。通过计算机强大的数据处理能力，不但可以帮助人们更为快速地完成任务，同时也可以提升设计的精准性。这一点十分迎合服装设计师的工作习惯与要求。在实际的服装设计过程中，借助计算机进行辅助设计也可以大幅减少工作量，提升设计的效率与品位。

　　本书所使用的绘图技法是笔者多年教学经验的总结，并在此书中采用了逐步深入的教学内容安排方式。书中所展示的绘图技法并非具有唯一性，由于笔者才疏学浅，内容难免会有一些片面性与局限性，还请各位同仁不吝赐教，以求完善和丰富服装款式图的电脑绘制技法，不断为服装设计教育的更加完善做出应有的贡献。

笔者

2022年1月